本著作由南京财经大学学术著作出版基金资助

啤酒花超临界 CO_2 萃取分馏技术

朱恩俊 著

西北农林科技大学出版社

内 容 提 要

本书以啤酒花为研究对象,详细介绍了超临界 CO_2 萃取技术的研究思路和实验方法。主要内容包括:超临界 CO_2 萃取分离技术简介;酒花浸膏国内外生产技术现状评述;固态物料超临界流体萃取模型;酒花浸膏液态 CO_2 萃取及应用试验研究;液态 CO_2 分馏酒花有效成分试验研究;液态 CO_2 萃取酒花浸膏经济效益目标规划等。本书内容丰富、全面,涵盖面广,实用性强,具有非常强的参考价值和实践指导意义,书中所阐述的原理和方法适用于不同研究对象的超临界(液态)CO_2 萃取技术研究,既可供化工、食品、制药、酿造等相关专业的大学生、研究生及高校教师、研究院所科研人员等阅读参考,也可作为企业科技人员和从事超临界 CO_2 萃取技术研究、设计和生产的专业技术人员的案头资料。

图书在版编目(CIP)数据

啤酒花超临界 CO_2 萃取分馏技术/朱恩俊著. —杨凌:西北农林科技大学出版社,2007

ISBN 978-7-81092-291-3

Ⅰ.啤… Ⅱ.朱… Ⅲ.啤酒花—超临界—二氧化碳—萃取 Ⅳ.TS262.5

中国版本图书馆 CIP 数据核字(2007)第 132974 号

啤酒花超临界 CO_2 萃取分馏技术
朱恩俊 著

出版发行	西北农林科技大学出版社
地　　址	陕西杨凌杨武路 3 号　邮　编:712100
电　　话	总编室:029—87093105　发行部:87093302
电子邮箱	press0809@163.com
印　　刷	西北农林科技大学印刷厂
版　　次	2007 年 9 月第 1 版
印　　次	2007 年 9 月第 1 次
开　　本	787mm×960mm　1/16
印　　张	7.5
字　　数	165 千字

ISBN 978-7-81092-291-3

定价:18.00 元

本书如有印装质量问题,请与本社联系

序

随着我国城乡居民生活的不断改善,啤酒作为一种低酒精度的营养性饮料,其消费市场必将进一步扩大。业内人士表示,尽管中国啤酒产量目前已跃居世界第一,人均消费量也已接近世界人均啤酒消费水平26升,但与啤酒消费水平较高的国家相比差距仍然很大,如消费大国捷克、美国和德国,啤酒人均年消费量高达196升、154升和132升。因此,国外啤酒巨头看中了中国这个巨大的市场空间,不遗余力地扩大在中国的势力范围,目前世界前10名的啤酒大鳄都已涉足中国市场。我国大大小小的啤酒制造企业正致力于研究如何提高啤酒的品质,以牢牢占据我国这一巨大的啤酒消费市场。随后几年,中国将朝着由"世界第一啤酒生产大国"向"世界啤酒生产强国"的宏伟目标迈进。为此,中国酒花的深加工尤其是采用超临界CO_2萃取技术研发酒花制品就成为开发和研究的热点。

啤酒花(简称酒花)是啤酒工业的重要原料之一,它不仅能赋予啤酒爽口的苦味和清新的酒花香气,还有一定的防腐及澄清麦汁的作用。我国是啤酒生产和消费大国,中国啤酒产量在持续9年居世界第二位后,于2002年以2 387万吨的产量首次超过美国,成为"世界第一啤酒生产大国",2003年、2004年、2005年和2006年中国啤酒产量分别为2 540万吨、2 910万吨、3 189万吨和3 515万吨,连续五年稳居世界第一,成为名副其实的啤酒生产大国。

近年来，超临界流体技术已由理论研究向工业应用方向发展。超临界CO_2流体萃取技术是国际上近三十年来广泛研究的化工分离新技术，与有机溶剂萃取法相比，具有许多后者无法比拟的优点，为生物资源有效成分的提取、分离开辟了一条崭新的途径。将采用该技术制备的CO_2酒花浸膏应用于啤酒生产，不仅能有效提高啤酒的品质，还可大大提高酒花的利用率，是啤酒工业的发展趋势。随着啤酒工业的发展，国内外使用CO_2酒花浸膏取代传统酒花制品的啤酒企业已越来越多，然而所使用的CO_2酒花浸膏和其他产品均为国外生产。我国从事相关研究工作的科研单位不多。本著作的选题对超临界CO_2萃取技术的产业化和CO_2酒花浸膏的国产化具有重大意义。

本书是笔者结合该领域的最新动态和笔者近几年的研究成果，倾力完成的理论和实践著作。由于著者水平有限，书中难免还存在一些不妥之处，殷切希望广大读者批评指正。

本书的研究工作得以完成，得到了多方面的支持和帮助。江苏大学食品与生物工程学院和南京财经大学食品科学与工程学院的全体老师为作者提供了良好的工作环境以及和谐的研究气氛；江苏省南通市华安超临界萃取有限公司（邮编：226681；网址：http://www.hua-an.com 或 http://www.haclj.com；地址：江苏省海安县沙岗镇沙娄路1号）金雪松和金玉松两位董事长为本研究所用试验装置提供了友好的协助；本书的出版还得到了南京财经大学科研处全体同仁的支持和帮助。在此一并表示诚挚的谢意！

目 录

第一章 概 述
- 1.1 啤酒花 ·· (1)
  - 1.1.1 酒花的植物学性状 ··· (1)
  - 1.1.2 酒花的化学成分及其作用 ·· (3)
  - 1.1.3 酒花在啤酒工业中的应用 ·· (7)
  - 1.1.4 酒花的加工制品 ·· (10)
- 1.2 超临界 CO_2 萃取分离技术 ·· (14)
  - 1.2.1 超临界流体萃取的基本原理 ····································· (14)
  - 1.2.2 超临界 CO_2 萃取的特点 ······································ (16)
  - 1.2.3 超临界 CO_2 精馏技术 ·· (17)
  - 1.2.4 超临界 CO_2 色谱技术 ·· (17)
- 1.3 酒花浸膏国内外生产技术现状 ·· (18)
  - 1.3.1 有机溶剂萃取法 ·· (19)
  - 1.3.2 超临界（液态）CO_2 萃取法 ·································· (19)
  - 1.3.3 超临界（液态）CO_2 萃取相关方法 ··························· (22)
  - 1.3.4 酒花浸膏的分馏纯化 ·· (23)
- 1.4 本书研究工作的意义及主要研究内容 ·································· (25)
  - 1.4.1 开发国产液态 CO_2 酒花制品的意义 ··························· (25)
  - 1.4.2 选题依据 ·· (26)
  - 1.4.3 主要研究内容 ·· (27)

第二章 固态物料超临界流体萃取模型

2.1 萃取机理分析 ……………………………………………………（28）
2.1.1 常规流体萃取机理 …………………………………………（29）
2.1.2 超临界流体缔合萃取机理 …………………………………（30）
2.1.3 缔合萃取历程的步骤 ………………………………………（31）
2.2 萃取模型的提出及假设 …………………………………………（32）
2.3 萃取模型的建立 …………………………………………………（33）
2.3.1 流体滞流膜层内的传质 ……………………………………（33）
2.3.2 固态萃余物层内的传质 ……………………………………（34）
2.3.3 萃取界面上的缔合 …………………………………………（34）
2.4 萃取模型的求解 …………………………………………………（35）
2.4.1 固态萃余物层内的浓度分布 ………………………………（35）
2.4.2 宏观萃取速率 ………………………………………………（36）
2.4.3 萃取率与萃取时间的关系 …………………………………（37）
2.5 萃取模型的修正及应用 …………………………………………（39）
2.5.1 与常见传质问题的相似性 …………………………………（39）
2.5.2 非球形固态物料颗粒的当量化 ……………………………（40）
2.5.3 非球形颗粒的面积当量球体 ………………………………（41）
2.5.4 圆柱体的面积当量球体 ……………………………………（42）
2.6 萃取模型的验证 …………………………………………………（42）
2.6.1 直接验证法 …………………………………………………（43）
2.6.2 间接验证法 …………………………………………………（44）
2.7 本章小结 …………………………………………………………（44）

第三章 啤酒花浸膏液态 CO_2 萃取及应用试验

3.1 引言 ………………………………………………………………（45）
3.2 酒花浸膏在超临界和液态 CO_2 中的溶解度测定 ……………（46）
3.2.1 测定目的 ……………………………………………………（46）

3.2.2 测定装置和材料…………………………………………（46）
3.2.3 测定方法…………………………………………………（47）
3.2.4 结果分析与讨论…………………………………………（48）
3.3 酒花原料对液态 CO_2 萃取效果的影响……………………（50）
3.3.1 试验装置…………………………………………………（50）
3.3.2 试验设计…………………………………………………（50）
3.3.3 结果分析与讨论…………………………………………（51）
3.4 液态 CO_2 相对流量对萃取效果的影响……………………（54）
3.4.1 试验目的…………………………………………………（54）
3.4.2 试验装置…………………………………………………（55）
3.4.3 试验条件…………………………………………………（55）
3.4.4 结果分析与讨论…………………………………………（55）
3.5 酒花浸膏的啤酒发酵试验……………………………………（59）
3.5.1 试验目的…………………………………………………（59）
3.5.2 试验方法…………………………………………………（60）
3.5.3 结果分析与讨论…………………………………………（61）
3.6 本章小结………………………………………………………（62）

第四章 液态 CO_2 分馏啤酒花有效成分试验

4.1 引言……………………………………………………………（63）
4.2 液态 CO_2 萃取历程对酒花浸膏组成的影响………………（64）
4.2.1 试验装置、材料和方法…………………………………（65）
4.2.2 结果分析与讨论…………………………………………（65）
4.3 采用二级分离工艺分馏酒花有效成分试验…………………（67）
4.3.1 试验装置、材料和方法…………………………………（68）
4.3.2 结果分析与讨论…………………………………………（68）
4.4 酒花浸膏有效成分的薄层色谱分离…………………………（70）
4.4.1 制板………………………………………………………（70）

   4.4.2 样品溶液制备及点样……………………………………（71）
   4.4.3 展开及显色……………………………………………（71）
   4.4.4 薄层色谱图……………………………………………（71）
  4.5 液态CO_2柱色谱分离酒花浸膏有效成分试验………………（72）
   4.5.1 高效液相色谱技术……………………………………（73）
   4.5.2 液态CO_2柱色谱系统的建立………………………（74）
   4.5.3 酒花萃余物作为色谱固定相的生物学基础…………（78）
   4.5.4 液态CO_2柱色谱分离试验…………………………（88）
  4.6 本章小结……………………………………………………（98）

第五章 液态CO_2萃取啤酒花浸膏经济效益目标规划

  5.1 引言…………………………………………………………（99）
  5.2 目标分析与目标规划模型…………………………………（99）
   5.2.1 目标分析………………………………………………（99）
   5.2.2 目标规划数学模型……………………………………（100）
  5.3 目标函数的构造……………………………………………（101）
  5.4 约束条件的确定……………………………………………（103）
   5.4.1 流量、得率与时间三者的关系………………………（103）
   5.4.2 流量与功耗之间的关系………………………………（104）
  5.5 目标规划求解………………………………………………（106）
  5.6 本章小结……………………………………………………（106）

总 结 …………………………………………………………………（107）

附 录 分光光度法测定 α-酸和 β-酸的含量 ……………………（109）

第一章 概 述

啤酒是一种低酒精度饮料，具有较高的营养价值。啤酒花（简称酒花）是啤酒工业的重要原料之一，它能赋予啤酒爽口的苦味和清新的酒花香气，同时也有一定的防腐及澄清麦汁的作用。

超临界（液态）CO_2萃取技术是国际上近三十年来广泛应用的化工分离新技术，与有机溶剂萃取法相比，有着许多后者无法比拟的优点，同时也为生物资源有效成分的提取、分离开辟了一条崭新的途径。将采用该技术制备的CO_2酒花浸膏应用于啤酒酿造，不仅能有效提高啤酒的品质，而且还可大大提高酒花利用率，是啤酒工业的发展趋势。

1.1 啤酒花

1.1.1 酒花的植物学性状

酒花的学名是蛇麻（Humulus Lupulus L.），又称忽布（Hop）、蛇麻花、野酒花、酵母花、香蛇麻、唐草花等，为桑科葎草属多年生宿根蔓性攀缘草本植物。其地上茎每年更替一次，茎长可达10 m，摘花后逐渐枯萎，其根深入土壤1～3 m，可生存20～30 a之久。酒花雌雄异株，酿造上所用的均为雌花。雌花球果为绿色或黄绿色，呈松果状，长约3～6 cm，有30～50个花片被覆花轴上（如图1-1所示）。在花片基部的正、反面，披有很多金黄色颗粒，俗称"花粉"，实际上并不是真正的花粉而是花腺体，叫蛇麻腺。蛇麻腺由多个细胞所组成，呈杯状，当酒花发育成熟时，蛇麻腺所分泌的黏稠性胶状物（主要是酒花树脂及酒花油)逐渐积累在蛇麻腺杯状体内侧,直至形成高高隆起的外形,如同餐具中盛得满满的米饭。该分泌物正是啤酒酿造所需要的重要成分。笔者用JXA-840A电子探针扫描电子显微镜拍摄到的蛇麻腺外观如图1-2所示。酒花的雄花球果较小,为白色,无酿造价值。

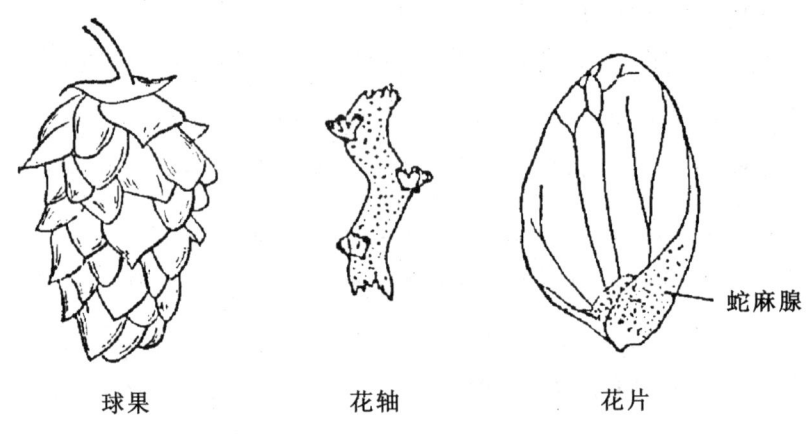

球果　　　　　花轴　　　　　花片

图1-1　雌性酒花

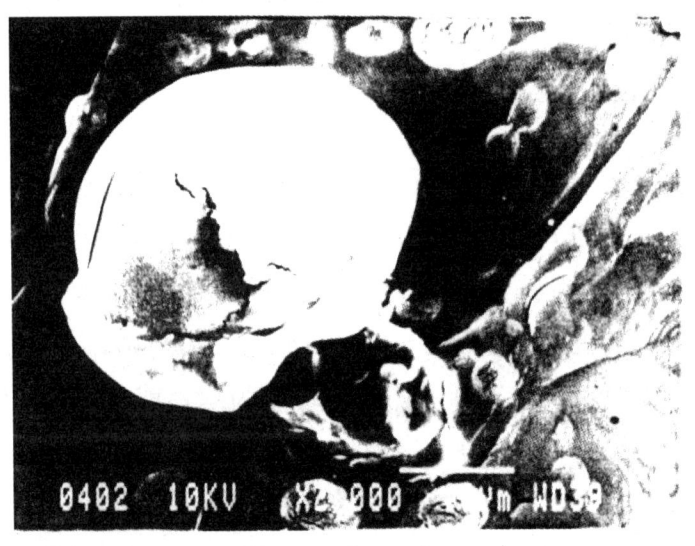

图1-2　酒花蛇麻腺表面观(×2 000)

1.1.2 酒花的化学成分及其作用

1.1.2.1 干燥酒花的化学成分

啤酒工业所用的酒花或酒花制品首先必须经过干燥处理，干燥酒花的一般化学成分如表 1-1 所示。在酒花的化学成分中，对啤酒酿造具有特殊意义的有三类物质，即酒花树脂、酒花油和多酚物质，其他化学成分对酿造意义不大。

表 1-1 干燥酒花的化学成分

成　　分	含　量（%）
水分	8～12
总树脂	14～18
酒花油	0.3～2.0
多酚物质	2～7
糖类	1.5～2.5
果胶	1.5～2.5
氨基酸	0.1 左右
粗蛋白质	13～16
脂肪、蜡质	2～4
无机盐	7～9
纤维素、木质素	35～40

1.1.2.2 酒花树脂的化学成分及作用

（1）酒花树脂的化学成分　酒花树脂是酒花蛇麻腺的分泌物之一，成分非常复杂，至今还不能全部定性。目前一般是按照欧洲啤酒酿造协会（European Brewery Convention，简称 EBC）酒花委员会 1969 年的意见，根据在不同有机溶剂中的溶解度来划分，其命名和成分如表 1-2 所示。

表 1-2　酒花树脂的命名及成分

名　称	命　名	成　分
总树脂	指酒花能溶于冷甲醇和乙醚的部分	α-酸、β-酸、未定性软树脂和硬树脂
软树脂	指总树脂中能溶于正己烷的部分	α-酸、β-酸和未定性软树脂
硬树脂	指总树脂中不溶于正己烷的部分	（未定性）
α-酸	指软树脂中遇醋酸铅溶液形成铅盐沉淀的部分	葎草酮、合葎草酮和加葎草酮等
β-物质	指软树脂中遇醋酸铅溶液不形成沉淀的部分	β-酸和未定性软树脂
β-酸	指 β-物质中已定性部分	蛇麻酮、合蛇麻酮和加蛇麻酮等
未定性软树脂	指 β-物质减去 β-酸后的未定性部分	（未定性）

上述酒花树脂的成分如图 1-3 图解所示。

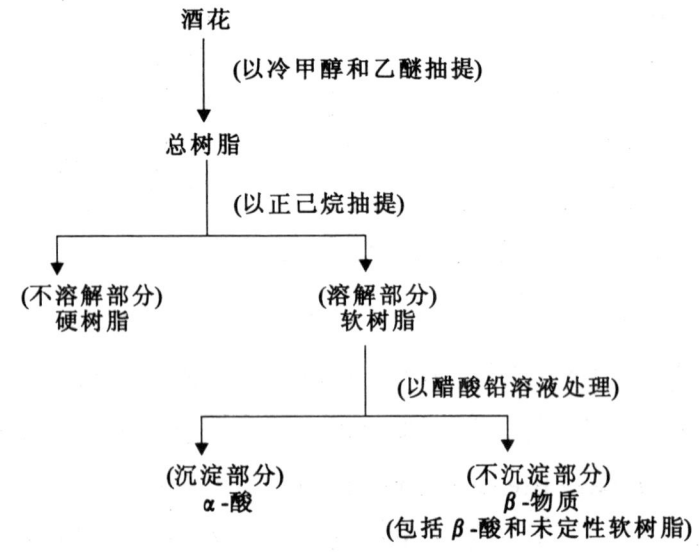

图 1-3　酒花树脂的成分图解

（2）α-酸和β-酸的化学结构　α-酸和β-酸是酒花树脂中已定性的两类树脂成分，两者均为多种结构类似的同类异构物的混合物。它们的化学结构如图1-4所示。α-酸和β-酸的主要同类异构物如表1-3所示。

表1-3　α-酸和β-酸的主要同类异构物

树脂种类	树脂名称	酰基结构	分子式	分子量
α-酸	葎草酮（humulone）	-COCH$_2$CH(CH$_3$)$_2$	C$_{21}$H$_{30}$O$_5$	362
	合葎草酮（cohumulone）	-COCH(CH$_3$)$_2$	C$_{20}$H$_{28}$O$_5$	348
	加葎草酮（adhumulone）	-COCH(CH$_3$)CH$_2$CH$_3$	C$_{21}$H$_{30}$O$_5$	362
	后葎草酮（posthumulone）	-COCH$_2$CH$_3$	C$_{19}$H$_{26}$O$_5$	334
	前葎草酮（prehumulone）	-COCH$_2$CH$_2$CH(CH$_3$)$_2$	C$_{22}$H$_{32}$O$_5$	376
β-酸	蛇麻酮（lupulone）	-COCH$_2$CH(CH$_3$)$_2$	C$_{26}$H$_{38}$O$_4$	414
	合蛇麻酮（colupulone）	-COCH(CH$_3$)$_2$	C$_{25}$H$_{36}$O$_4$	400
	加蛇麻酮（adlupulone）	-COCH(CH$_3$)CH$_2$CH$_3$	C$_{26}$H$_{38}$O$_4$	414

（3）α-酸和β-酸的性质与作用　酒花中α-酸的含量因品种而异，干燥酒花的α-酸含量为3%～12%。α-酸含量的高低是衡量酒花质量的重要标准，国际上常以每公顷地收获多少千克α-酸来反映产率。在α-酸的同类异构物中，葎草酮和合葎草酮所占的比例最高，其次是加葎草酮，而前葎草酮和后葎草酮一般仅有微量存在。葎草酮呈菱形结晶，浅黄色，溶点为65～66.5℃，在0℃左右相当稳定，在紫外光下呈现柠檬黄色的荧光，易溶于乙醚、石油醚、己烷、甲醇等有机溶剂。

α-酸不具备羧基，但因具有烯醇基而呈弱酸性。α-酸在冷水中的溶解度很小，也仅微溶于沸水，故在麦汁中的溶解度也不大，且随pH值不同有较大差异。α-酸在加热、稀碱或光照条件下易发生异构化反应生成异-α-酸，异-α-酸具有强烈的苦味，溶解度也比 α-酸大得多，啤酒中的苦味和防腐力主要来自异-α-酸。这正是为何要将酒花添加于煮沸的麦汁中的原因。

一般来说，干燥酒花中 β-酸的含量比 α-酸含量低，苦味、防腐力及在水中的溶解度也均不及 α-酸大。β-酸同样呈弱酸性，在 β-酸的同类异构物中，蛇麻酮呈白色针状或柱状结晶，溶点为 92～94 ℃，在空气中的稳定性小于葎草酮，易溶于甲醇、乙醇、己烷、异辛烷等有机溶剂。

α-酸和 β-酸可认为是醌的衍生物，故性质活泼，易被氧化或还原。酒花在干燥和贮藏期间，部分 α-酸和 β-酸会不断被氧化，失去原有的结晶结构，变为无定形体软树脂。α-酸的氧化物不具有苦味，但具有使泡沫稳定的性质；β-酸的氧化物（hulupone）具有细致而强烈的苦味，以此可以补偿 α-酸因氧化而损失的苦味。

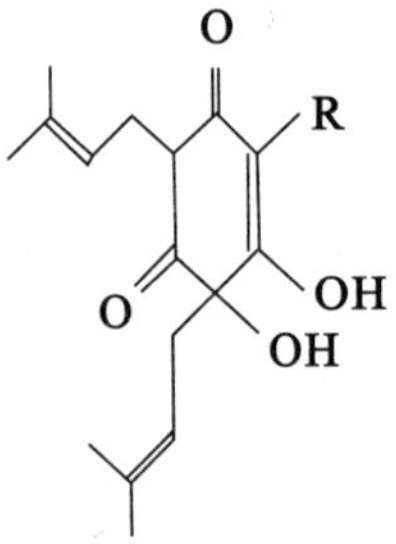

(α-酸) 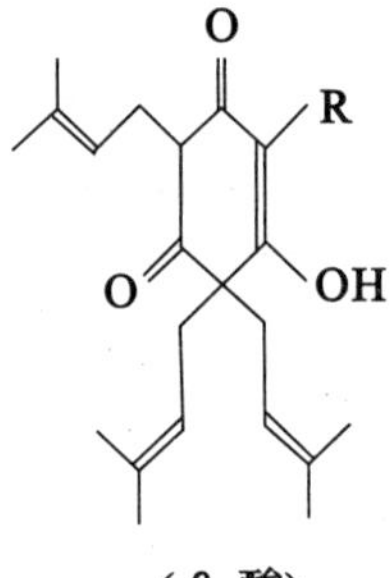　　(β-酸)

R代表酰基：$-\overset{O}{\underset{\|}{C}}-R'$

图 1-4　α-酸和 β-酸的化学结构

1.1.2.3　酒花油的化学成分及作用

酒花油是酒花蛇麻腺的另一分泌物，干燥酒花约含有 0.3%～2.0% 的酒花油。酒花油的化学组成很复杂，已检出的有 200 余种，它们的共同特点是易挥发，在水中溶解度极小（仅 1/20000），可溶于乙醚、酯及乙醇等有机溶剂，易氧化而产生极难闻的脂肪臭味。酒花油的化学成分可区分为两大类，一类是碳氢化合物，约占含油量的 50%～80%；另一类是含氧化合物（具有碳、氢和氧原子的醇、酮或酯类），约占含油量的 20%～30%。

酒花油一直被认为是啤酒酒花香味的主要来源，由于它易挥发，故是啤酒开瓶闻香的主要成分（啤酒的酒花香气是由酒花油和苦味物质的挥发组分降解后共同形成的）。一般来说，酒花油中的碳氢化合物香气极不愉快，对酒花香味是起负面作用的，如酒花油的主要成分香叶烯（myrcene）；含氧化合物的香气往往清淡而纯正，如香叶醇具有玫瑰花香气，沉香醇具有醇香木香气，它们是啤酒中幽雅香气的主要成分。

香型好的酒花，由于其中香味不正的成分含量较低，故其酒花油含量往往也较低，因此，酒花香味的好坏主要决定于酒花油的成分而不在于其含量的高低。

1.1.2.4 多酚物质的成分及作用

酒花中约含有 2%～7%的多酚物质，它们是非结晶混合物，按相对分子质量大小可以区分为单宁化合物（相对分子质量 500～3 000）和非单宁化合物两大类。在啤酒酿造中，多酚物质的作用主要是澄清麦汁，即在麦汁煮沸时和蛋白质形成热凝固物及在麦汁冷却时形成冷凝固物；多酚物质对啤酒质量也有不利的一面，如在后酵和贮酒过程直至灌瓶以后，会缓慢地和蛋白质结合形成汽雾蚀及永久混浊物，会减低啤酒的泡持性，也会增加啤酒的色泽和苦涩味等等。

1.1.3 酒花在啤酒工业中的应用

1.1.3.1 添加酒花的作用

酒花在啤酒工业中的传统使用方法是在麦汁煮沸时以全酒花（酒

花球果的干燥压榨品）添加，添加酒花的主要目的如下。

（1）赋予啤酒特有的香味　酒花中含有的酒花油和酒花树脂，在麦汁煮沸过程中，酒花油中的一些不良的挥发性成分绝大部分被蒸发，其存留部分和酒花树脂在经过复杂的变化后，均能赋予啤酒独特的香味。

（2）赋予啤酒爽口的苦味　啤酒爽口的苦味来自酒花软树脂，主要成分是 α-酸经异构化后形成的异-α-酸，β-酸的氧化物 Hulupones 也是苦味甚爽的成分。酒花树脂在麦汁煮沸过程中的演变很复杂，只有掌握了独特的工艺，才能使啤酒具有理想的苦味。

（3）增加啤酒的防腐能力　酒花软树脂对某些菌类（如革兰氏阳性菌和革兰姆阴性菌等）具有杀灭和抑制作用，可增加啤酒的防腐能力。

（4）提高啤酒的非生物稳定性　麦汁中某些蛋白质和酒花中溶出的多酚物质在麦汁煮沸过程中，会缩合形成一些复杂的复合物而沉淀出来。这种缩合作用贯穿整个酿造过程，在热麦汁中有热凝固物析出，在冷麦汁中有冷凝固物析出，在发酵和贮酒过程中，冷混浊物和永久性混浊物还会继续形成和析出。这些缩合物质，在每一步工序中，都应设法使其析出并清除之，以增加啤酒的非生物稳定性。

1.1.3.2　酒花的利用效果及添加量

啤酒的苦味主要来自异-α-酸。将酒花添加于煮沸的麦汁中可促使酒花中的部分 α-酸发生异构化生成异-α-酸。酒花的利用效果是指对酒花中 α-酸的利用效果，常用酒花利用率来表示：

$$\text{酒花利用率} = \frac{\text{形成的异-α-酸数量}}{\text{使用酒花的 α-酸数量}} \times 100\%$$

酒花添加量根据所制啤酒的类型、酒花本身的质量（α-酸含量高低）和消费者的爱好而不同，且有较大的变动范围，通常以每升麦汁或啤酒所需添加的酒花克数表示，一般在 1.2～5 g/L 麦汁的范围内。国内也常以每吨啤酒所加酒花的千克数或以酒花与啤酒的重量百分数来表示。目前国际上多以 α-酸为计算基础来表示酒花添加量，其目的是保证使用不同的酒花，仍可达到基本相似的酒花苦味度。

1.1.3.3 酒花的添加方法

酒花的传统使用方法是以全酒花添加于煮沸的麦汁中，其具体添加方法每个国家甚至每个厂又往往不尽相同。由于目前对酒花在麦汁煮沸过程中的变化远未彻底掌握，各厂多根据酒花的香味和苦味，凭经验添加。一般来说，使用全酒花多采用二次、三次或四次的添加方法，同时须掌握如下原则。

（1）香型、苦型酒花并用时，应先加苦型酒花，以得到较高的酒花利用率，后加香型酒花，以提高啤酒的酒花香味；

（2）在使用同类酒花时，应先加陈酒花，后加新酒花；

（3）分几次添加酒花时，开始批次添加量少些，以后批次添加量多些；若分四次添加，一般在麦汁初沸时，先加入全量的 5%～10%，防止麦汁起沫，以后添加的间隔时间，一般为 25～45 min；

（4）在煮沸终了前 5～10 min，添加最后一批香型酒花或质量比较好的酒花。

分批添加酒花对酒花的利用率来说并不合理，但从苦味、香味兼顾的角度考虑是必要的。为了提高啤酒的酒花香味，有些企业在使用全酒花时，还有一些特殊的添加方法，如将少量香味极好的酒花置于酒花分离槽或沉淀槽内，热麦汁通过时浸出其中的有效成分；或在贮酒阶段添加一部分香型酒花，以尽量保持其酒花油的成分，该法称为干加酒花（dry hopping）。

1.1.4 酒花的加工制品

全酒花存在运输、贮藏和使用的不方便，而且在麦汁煮沸过程中，酒花中的 α-酸仅有 50%左右发生异构化并溶于麦汁中。在麦汁冷却、发酵和贮藏过程中，由于温度和 pH 值的变化，以及与其他物质的作用，α-酸又有很大一部分损失，故其最终利用率一般只有 30%左右，是比较低的。为了提高酒花苦味和香味物质的利用效果及解决运输贮存等问题，各种各样的酒花制品愈来愈受到酿酒师的青睐。

1.1.4.1 酒花粉

啤酒厂在使用酒花前将全酒花用锤式粉碎机粉碎成颗粒在 1 mm 以下的酒花粉，添加方法与全酒花相同。酒花粉由于在麦汁煮沸时较易均匀分散，故酒花利用率可增加约 10%，而且由于在旋涡沉淀槽中酒花粉糟和热凝固蛋白质能形成紧密的沉淀被分离掉，故可省去酒花分离槽。采用酒花粉也存在不容忽视的缺点，例如：在粉碎过程中，锤式粉碎机锤片打击点处的局部温度达 500 ℃以上，极易引起酒花树脂的氧化和酒花油的损失；酒花粉在使用前，在常温下往往保存数小时至数天，由于其比表面积较大，加剧了酒花有效成分的氧化；因而酒花粉不易包装，且易损失。

1.1.4.2 颗粒酒花

为了克服酒花粉的不足，将粉碎至一定规格的粉状酒花压制成直径为 2～8 mm，长约 15 mm 的短棒，以增加其密度，减少其体积，同时也降低了其比表面积，并在充惰性气体的条件下包装保藏，这种酒花制品称为颗粒酒花，能有效避免有效成分的氧化和损失，可以在常温（<20 ℃）下运输和贮存。颗粒酒花是世界上使用最广泛的酒花制品，其加工流程如下：

新鲜酒花球果 → 干燥至水分 5%～6% → α-酸调整 → 用粉碎机（万能粉碎机）粉碎成 2～3 mm 粉粒 → 回潮至水分 10%～12% → 喷液氮 → 压制颗粒 → 包装物抽真空（或氮冲洗法）、冲氮、封口。

颗粒酒花较全酒花均匀一致，添加于煮沸的麦汁中极易分散，酒花利用率可提高 10%～25%；麦汁煮沸后，与使用酒花粉一样不需酒花分离槽，用旋涡沉淀槽即可分离酒花残渣，麦汁损失也少；其贮藏和运输体积较全酒花减少 80%以上；使用方便，且便于用水调浆或气力输送，实现自动添加。

1.1.4.3 酒花浸膏

酒花浸膏是一种利用有机溶剂或 CO_2 将酒花中的有效成分萃取出来，并制成浓缩 5～10 倍有效成分的树脂浸膏。世界酒花产量的 25%～30%加工成酒花浸膏，最大的生产和使用国家是德国和美国。

酒花浸膏往往缺乏某些物质（如单宁物质等），故不宜单独使用，一般用以部分取代全酒花，或与其他酒花制品（如颗粒酒花、单宁抽提物等）配合作用，仍在麦汁煮沸时添加。与全酒花相比，酒花浸膏有如下优点。

（1）体积小，只合全酒花的 7%左右，运输和保管费用较低；

（2）性能较稳定，密封在容器中，20 ℃下保存，长期不变质；

（3）可进一步提高酒花利用率，能够较准确地控制酒花使用量，达到啤酒要求的苦味值；

（4）没有酒花残渣，故麦汁损失少；

（5）使用方便，能改善啤酒的泡沫稳定性、苦味的柔和性和抗冷性能。

1.1.4.4 异构酒花浸膏

α-酸在弱碱性溶液（如碳酸钠溶液）中，可以进行异构化，产生苦味极强的异-α-酸,该物质是啤酒苦味的主要来源。异-α-酸在水中的溶解度较α-酸高,α-酸先经异构化后,可以避免α-酸在麦汁煮沸和发酵过程中因溶解度低而造成的损失。因此如果将酒花中的α-酸在特定的条件下抽提出来,加以异构化,再用之于啤酒酿造中去,便可大大提高酒花利用率(可达90%以上)。目前全世界已约有6%的酒花被加工成异构酒花浸膏,其主要成分是异-α-酸的钠盐、钾盐或镁盐。异构酒花浸膏的制备过程如下:

酒花浸膏 → α-酸抽提 → 调节pH值至8.5,并加入催化剂(如碳酸钠溶液) → 加热异构化 → 加乳化剂和有机起泡剂,注于金属罐中。

异-α-酸的主要成分为顺式异-α-酸(cis-iso-α-acids)和反式异-α-酸(trans-iso-α-acids),还有微量的顺式别异-α-酸(cis-allo-iso-α-acids)和反式别异-α-酸(trans-allo-iso-α-acids),它们的结构式如图1-5所示。

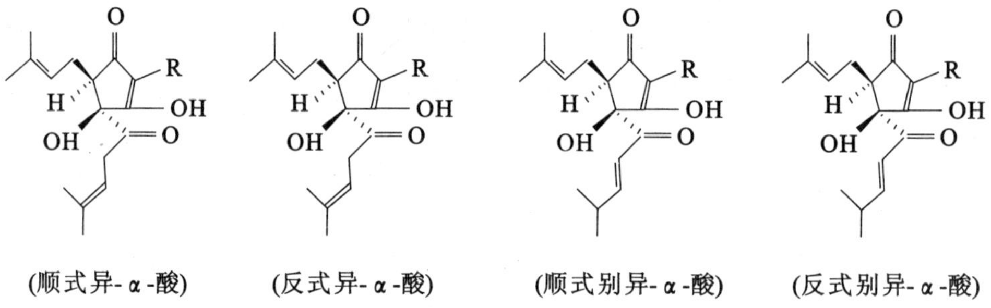

(顺式异-α-酸)　　(反式异-α-酸)　　(顺式别异-α-酸)　　(反式别异-α-酸)

图1-5　α-酸的异构化产物结构式

异构酒花浸膏一般仍和全酒花或其他酒花制品配合使用,即在麦汁煮沸时添加部分全酒花或其他酒花制品,在发酵后或滤酒前添加异构酒花浸膏用以调节啤酒的苦味。若全部取代全酒花制品,则易出现酵母变性、发酵异常和啤酒风味改变等现象。

1.1.4.5　酒花油

酒花中的酒花油组分,在麦汁煮沸时,大部分随水蒸气而逸出,在发酵时，又有一部分随 CO_2 而逸出，因此所生产出来的啤酒往往酒花香味不足。为了使啤酒中尽可能多地保留酒花油组分，可以先将酒花中的酒花油预先提取出来，再与水混合后配成一定浓度的乳化液，在贮酒和滤酒时添加于啤酒中，其风味与干加酒花的啤酒风味相似，且对酒的苦味、泡沫及非生物稳定性均无影响。

酒花油的制备方法有常压水蒸气蒸馏法和减压（高真空）水蒸气蒸馏法，前者因在蒸馏过程中酒花油组分易发生分解而变味，故已逐渐被淘汰，后者的蒸馏温度保持在 20 ℃左右，故产品风味较佳，保持了酒花油的原有成分，但生产成本较高。

随着超临界（液态）CO_2 萃取技术的发展和应用，又产生了一种新型的酒花油制品，称为 β-酸酒花油。β-酸酒花油通常约含有 70%的 β-酸和 20%的酒花油，仅含少量或不含 α-酸，较多的是采用液态 CO_2 从酒花中萃取制得，或在生产异构酒花浸膏时 α-酸被抽提后的副产物。β-酸在麦汁煮沸过程中的转化产物，其苦味为 α-酸的 35%～50%，而且苦味比 α-酸、异-α-酸更细腻、柔和（与近代对啤酒苦味的要求相吻合），因此越来越受到人们的重视。β-酸酒花油通常在麦汁煮沸结束前 5～10 min 添加，以取代最后一次添加的酒花或香花，能够改善仅采用苦型酒花的啤酒风味，提高啤酒的风味稳定性，为啤酒提供新鲜纯正的酒花香气。

1.1.4.6　其他酒花制品

为合理利用酒花有效成分，有效提高啤酒品质，还出现了其他一些酒花制品。

（1）Hulupones 酒花浸膏　在制备异构酒花浸膏时，首先必须进行 α-酸抽提，所得到的副产物中除含一些未定性软树脂外，尚有较高含量的 β-酸，β-酸在酿造过程中的作用目前已得到充分肯定，将该副产物通过氧化作用使其氧化为 Hulupones，便可得到和异-α-酸具有同等酿造价值的苦味物质。使用时，可在发酵后或滤酒前添加，若与异构酒花浸膏配合使用，则可达到与全酒花相似的苦味类型。

（2）四氢异构酒花浸膏 酒花浸膏异构化后，其中异-α-酸侧链上的两个"-C=C-"不稳定双键被四个氢原子还原生成四氢异-α-酸，从而制成四氢异构酒花浸膏。四氢异-α-酸较稳定，不会被日光催化断裂生成所谓的"日光臭"物质，因此瓶装啤酒可装在无色玻璃瓶中。四氢异构酒花浸膏可在啤酒成熟后滤酒前加入，与酒花油配合使用可生产出抗日光臭的新颖啤酒，并可增加啤酒泡沫，提高啤酒稳定性，提供没有后苦的清爽苦味。

1.2 超临界 CO_2 萃取分离技术

早在1879年，Hannay和Hogarth就发现超临界流体（Supercritical Fluid）对于液体和固体物质具有明显的溶解能力，而且随着压力和温度条件的改变，溶解能力可在相当宽的范围内变动。直到1943年，Messmore才首次提出利用超临界流体的溶解性质作为分离过程的基础，并应用超临界烃类流体在高压下脱除石油中的沥青。1955年，Todd和Elgin等从理论上提出将超临界流体用于萃取分离的可能性。20世纪60年代，德国在这一领域首先做了大量的基础和应用研究，70年代法国和美国将超临界流体萃取（Supercritical Fluid Extraction）技术应用于烟草、咖啡豆等的萃取分离工作中，80年代后期该技术已发展成为一门新型的化工分离技术，被广泛应用于石油、化工、医药、食品、香料等领域。目前，每年都有许多关于超临界流体萃取的专利涌现出来，并有大量的研究报告发表，工业化设备也纷纷投入运行，显示出超临界流体萃取技术具有的无穷生命力。

1.2.1 超临界流体萃取的基本原理

当某一种纯物质在常压下保持气—液平衡时，气液两相的物理特性（如密度、黏度等）存在较大的差异。随着压力的升高，这种差异会逐渐减小，当达到某一特定压力时，这种差异会完全消失，使气液两相合为一相。这一特定压力称为该物质的临界压力（P_C），相应的温度称为临界温度（T_C）。图 1-6 所示为纯物质的 *P-T* 相图，图中的 *C* 点代表该特定状态，称为临界点。超临界流体是指高于临界温度和临界压力条件下物质的聚集状态，如图 1-6 中阴影线表示的区域。图中从液相点 *a* 经过超临界流体相到气相点 *b*，是一个渐变的连续过程，不存在相变。

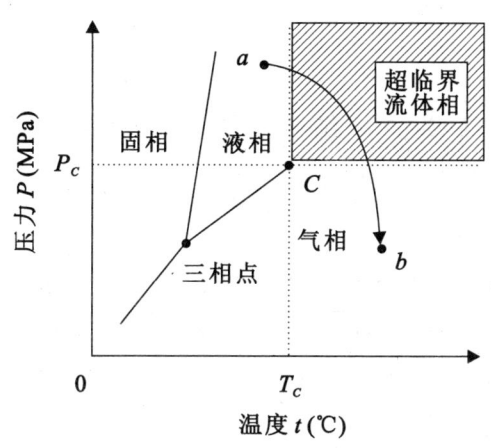

图 1-6 纯物质的 *P-T* 相图

大量的文献介绍了超临界流体的溶剂性质，本文在此不作过多阐述。一般认为，溶质在溶剂中的溶解度与溶剂的密度呈正向相关，超临界流体的密度和液体相近，这就使得它具有像液体溶剂一样溶解其他物质的能力；同时超临界流体的黏度和气体相近，扩散能力远远高于液体，这又使得应用超临界流体的萃取传质过程较液液萃取更为高效。更为重要的是，超临界流体的密度随压力和温度条件的改变可在较大范围内变动，因此可以通过改变超临界流体的状态来调节其溶解能力。

超临界流体萃取的基本原理是：作为溶剂使用的流动的超临界流

体与被萃取物料（液态或固态）接触，使物料中的某些组分（以下称萃取物）被超临界流体溶解并携带，从而与物料中的其他组分（以下称萃余物）分离，接着改变操作条件使超临界流体离析出其所携带的萃取物。

1.2.2 超临界 CO_2 萃取的特点

有多种物质可以作为超临界流体萃取的工作介质，如乙烷、丙烷、乙烯、正己烷等，目前应用最多的当数 CO_2。超临界 CO_2 萃取可看作是传统萃取工艺的延伸和扩展，但与传统萃取工艺相比具有如下一些主要特点。

（1）超临界 CO_2 萃取结合了蒸馏和液液萃取两者的特点，既利用物质挥发度的差异，也利用物质分子间亲和力的不同进行混合物的分离；

（2）CO_2 的临界温度低（T_C=31.05 ℃），因此超临界 CO_2 萃取分离操作可在较低的温度下进行，从而有利于低挥发性、热敏性物质的萃取分离；

（3）有较好的过程选择性；

（4）操作简单，萃取、分离一步到位，能耗低；

（5）CO_2 属于人体内源性物质，无毒无害，本身又为惰性物质，因此萃取产物无有机溶剂残留，且可有效避免生物活性物质的氧化分解；

（6）CO_2 不燃、价廉、易得，操作安全。

由于超临界 CO_2 萃取具有如上一些主要特点，使得该技术在食品、医药及化妆品等工业领域得到广泛的关注和应用，特别在生物资源有效成分的提取、分离方面显示出良好的开发利用前景。

生物资源通常由多种有效成分复合而成，用超临界 CO_2 萃取这些有效成分时，在不同的操作条件下会得到不同组成的萃取物，这表明

超临界 CO_2 萃取具有较好的过程选择性,但是对于复杂混合物(由性质较为接近的组分复合而成)以及精细化学品的单体提纯方面,仅靠超临界 CO_2 萃取过程显然不足以解决问题,有待探索或结合使用更为有效的方法。

1.2.3 超临界 CO_2 精馏技术

超临界 CO_2 精馏技术是在超临界 CO_2 萃取的基础上,根据超临界 CO_2 的溶解能力随温度和压力条件的改变而变化以及超临界流体萃取过程中特有的"加热冷凝"特性(温度升高,密度减小,溶解度降低导致某些组分"冷凝"析出)而建立起来的一种分离纯化技术。在超临界 CO_2 精馏系统中,"精馏柱"是其核心部件。可以通过在精馏柱顶部设置一只换热器,使某些组分在柱内自然形成内回流从而达到分离纯化的目的;也可建立一个包括精馏柱在内的强制回流环路,迫使某些馏分在柱内与超临界 CO_2 形成逆向流动从而达到提纯的目的;更具典型的是利用精馏柱的轴向变温(通常的温度分布是上面高温下面低温)来实现精馏选择性,也是使组分在柱内形成内回流。

研究结果表明,这种方法对精细化学品的分离、提纯和对复杂混合物的分馏是一种行之有效的分离手段。国内外均投入了大量的人力和物力进行研究开发,如采用该技术对鱼油中 EPA 和 DHA 的浓缩研究、对辣椒红色素与辣素进行的分离研究、对石油渣油进行的分离研究以及对废润滑油的再生研究等。

1.2.4 超临界 CO_2 色谱技术

高效液相色谱法是 20 世纪 60 年代末、70 年代初发展起来的一项新颖快速的分离分析方法(参阅本书第 4 章 4.5.1 小节),目前在我国也已得到广泛应用。这种柱色谱技术是在经典的液体柱色谱的基础上,引入气相色谱的理论,采用高压泵、高效固定相和高灵敏度检测器,具有分析速度快、分离效率高和操作自动化等一系列特点，可用作液固吸附、液液分配、离子交换和空间排阻色谱（即凝胶渗透色谱）分析，应用非常广泛。

近年来，在高效液相色谱法的基础上，又发展起超临界流体色谱。所谓超临界流体色谱，用最简洁明了的语言来描述，就是指流动相处于超临界状态的高效"液相"色谱法。这种新颖的色谱法目前已引起人们的足够重视，在生化、医药、精细化工、食品等领域得到了广泛的研究和开发应用，而且一般认为超临界流体萃取产物的最佳控测手段便是超临界流体色谱。超临界CO_2萃取技术是人们研究和应用得最多的超临界流体萃取技术，相应地，超临界CO_2色谱技术便理所当然成为超临界流体色谱中的佼佼者。

在同一种生物资源的有效成分中，有些组分的结构和性质比较接近，要想在分离纯化过程中不破坏其天然分子结构，最佳选择是色谱法。在实验室中，采用薄层色谱或者分析型或半制备型高效液相色谱技术，选择合适的固定相与溶剂系统，可有效地分离、分析生物资源中的多种有效成分。尽管其制备量每次仅为毫克级，但表明采用该技术进行生物资源有效成分分离与制备具有工业生产的可行性。目前制备型高效液相色谱或超临界流体（CO_2）色谱并不多见，而且制备量也仅为几克，为能充分体现该项技术的推广应用价值，大有必要发展工业化的制备色谱技术。当然，为了在工业生产上减少其他杂质的干扰，减少柱子的污染，达到较高负荷的制备量，也可以采用预分离技术。

1.3 酒花浸膏国内外生产技术现状

随着啤酒工业的发展，国内外使用酒花浸膏（或以酒花浸膏为原料加工成的其他酒花制品）取代和部分取代全酒花、酒花粉或颗粒酒花的啤酒企业越来越多。目前全世界酒花产量的25%～30%加工成酒花浸膏，且所占份额有逐年增长的趋势。酒花浸膏的加工大致有以下几种方法。

1.3.1 有机溶剂萃取法

一般的极性和非极性有机溶剂，如苯、甲苯、二氯甲烷、三氯甲烷、正己烷以及甲醇、乙醇等水溶性溶剂，对抽提 α-酸都有较好的效果，常用的有机溶剂是二氯甲烷，使用不同的有机溶剂，其抽提成分稍有差异。直至 1978 年，全世界 20%以上的酒花都是采用有机溶剂法萃取加工成酒花浸膏，生产和使用最多的国家是德国和美国，我国迄今尚未有正式企业生产。用这种方法获得的产品为墨绿色黏稠状的树脂浸膏，其中除含有酒花软树脂和酒花油外，还含有叶绿素、硬树脂、脂肪、蜡质以及痕量的有机溶剂。

由于采用有机溶剂法制得的酒花浸膏不含或仅含少量多酚物质，故在麦汁煮沸时只能部分取代酒花，否则会引起啤酒酿造工艺和风味的改变。为此，人们对采用有机溶剂制备酒花浸膏时得到的废酒花糟进行脱溶剂处理，再以热水进行抽提，从而得到主要含酒花多酚物质的热水抽提物（又称单宁抽提物）。将有机溶剂酒花浸膏和热水抽提物配合使用，能使麦汁澄清良好，并达到增进啤酒醇厚性的效果。

采用该法制得的酒花浸膏会有有机溶剂残留，尽管在麦汁煮沸时，绝大部分有机溶剂会随水蒸气一起挥发掉，但随着人们保健意识的增强，有机溶剂的残留问题常引起非议。自从 20 世纪 80 年代初期，超临界（液态）CO_2 萃取技术制备酒花浸膏在美国等少数发达国家实现商业化以来，有机溶剂酒花浸膏在短短数年时间内便销声匿迹了。

1.3.2 超临界（液态）CO_2 萃取法

CO_2 作为萃取溶剂，在超临界状态或液体状态萃取酒花，因其具有无毒、不燃、操作温度低、产品无有机溶剂残留、回收方便、能耗低等突出优点,成为取代传统有机溶剂萃取法的一种大有前途的方法。随着世界啤酒工业的发展,CO_2酒花浸膏的需求量逐年增加,也具有很高的市场价值。由于酒花原料中可萃取成分相对较多,这对高压萃取而言是有利的,因此涌现出大量关于超临界(液态)CO_2萃取酒花浸膏的专利,而且有些专利很快得到了实际应用。如澳大利亚1980年就开始了采用CO_2从酒花中萃取酒花油和软树脂的工业规模生产;德国的SKW公司1982年安装了一套年处理酒花达5 000 t的超临界CO_2萃取设备,用于酒花浸膏的生产;英国和美国也相继组建了CO_2萃取酒花的大规模工厂。采用该技术生产的产品不易氧化变质,保质期更长,且不含农用杀虫剂。在付诸工业化应用的CO_2萃取工艺中,有的采用超临界CO_2萃取工艺,有的采用液态CO_2萃取工艺。

采用超临界CO_2萃取酒花浸膏技术,在20世纪70年代初期便有文献报道。酒花树脂在超临界CO_2中的溶解度比其在液态CO_2中的溶解度大,因此所耗费的CO_2的量相对较少,萃取时间也相应较短。超临界CO_2萃取酒花浸膏一般将温度控制在50 ℃左右。Vitzthum报道,在40~60 ℃的萃取温度和35 MPa的萃取压力下,得到的萃取物为橄榄绿色的树脂浸膏,α-酸的回收率可高达99%,萃取物中除含有软树脂和酒花油外,尚有相当数量的叶绿素、硬树脂和单宁,以及脂肪和蜡质成分等,并有一股煮沸的蔬菜味,对啤酒的风味会产生不良的影响。

采用液态CO_2萃取酒花浸膏,也有较多的文献报道。常用的萃取温度为-5~15 ℃,萃取压力往往不超过10 MPa。相对超临界CO_2而言,液态CO_2对酒花有效成分的溶解度较小,正因如此,要想达到95%的回收率,相对每千克酒花原料至少需消耗50 kg的CO_2。在液态CO_2萃取条件下,易挥发的酒花油组分几乎能全部萃取出来,而且由于操作过程中温度较低,不存在氧化分解的可能。液态CO_2比超临界CO_2溶解能力低,一方面导致酒花浸膏得率低,另一方面这正是液态CO_2高选择性的体现,因为在萃取产物中除含有软树脂和酒花油外,几乎不含叶绿素、硬树脂和单宁,仅含少量的脂肪和蜡质成分,产物呈金黄色,具有与新鲜的酒花原料十分相似的酒花清香。

总体说来,采用超临界CO_2萃取工艺,酒花浸膏的得率较高,而且操作参数较为灵活,但由于萃取压力较高,故操作费用相对较大,且萃取物品质稍差;当酒花原料充足,价格不高时,则适宜采用操作费用较低的液态CO_2萃取工艺,因为无须完全彻底地萃取出酒花原料中的有效成分。

表1-4列出液态CO_2和超临界CO_2酒花浸膏的常规化学组成。从表中可以看出,液态CO_2萃取物中α-酸和酒花油的含量相对较高,不含硬树脂,多酚物质含量也很低;超临界CO_2萃取物中β-酸含量相对提高,含有较多的硬树脂及多酚物质。超临界CO_2将在液态CO_2中不溶解或溶解度较小的组分相对较多地萃取出来,从而可以获得较高的得率。因而可以这样理解,超临界CO_2是牺牲了萃取选择性才得以提高溶解能力的。

表1-4 液态CO_2和超临界CO_2酒花浸膏的组成

组成(%)	超临界CO_2酒花浸膏	液态CO_2酒花浸膏
总树脂	77～98	80～98
α-酸	27～41	35～55
β-酸	43～53	25～35
酒花油	1～5	3～10
硬树脂	5～11	0
多酚物质	0.1～5	0～2
水分	1～7	0～2
脂肪和木质素	4～13	0～8

为了既能发挥液态CO_2萃取选择性高、产品质量优的特点,又能发挥超临界CO_2萃取产率高的特点,Gehrig(1984)提出了分级萃取

的概念，即首先在较为温和的条件下使用液态 CO_2 或超临界 CO_2 萃取软树脂和酒花油组分，再在较高的温度条件（120 ℃）和压力条件（35 MPa）下萃取包括硬树脂在内的其他所有具有酿造价值的酒花组分。Müller（1980）在亚临界温度和 50 MPa 的压力条件下从事的萃取工艺，也可以认为是出于增加产率的目的，在所得到的萃取产物中，除含有软树脂和酒花油外也几乎萃取出了所有的硬树脂组分。

目前为止，我国 CO_2 酒花浸膏的生产仍未有文献报道。少数企业正在少量试产，但试产规模都很小，酒花原料的批处理量仅为几十升。

1.3.3 超临界（液态）CO_2 萃取相关方法

除上述超临界（液态）CO_2 萃取酒花浸膏工艺之外，还有一些文献报道了与此工艺相关（相结合）的萃取工艺。Laws（1980）报道，为了防止液态 CO_2 酒花浸膏氧化变质，在萃取设备中对萃取产物立即进行异构化反应工艺使其转化成异构酒花浸膏。显然在他的工艺中未考虑对 α-酸进行纯化处理。Krüger（1983）撰文报道了将酒花浸膏的超临界 CO_2 萃取过程和 α-酸的异构化同时完成的实验研究。用超临界 CO_2 在 50 ℃和 30 MPa 的条件下对酒花原料进行萃取，携带了酒花有效成分的 CO_2 通过一只盛满皂土（含钙、镁等元素的矿物质）温度保持在 100 ℃的反应器，这样，除 α-酸以外的绝大多数成分，会几乎无保留地随同 CO_2 一起穿过皂土，并在 20 ℃和 5 MPa 的条件下被分离出来，而 α-酸则因在反应器中转变为相应的 α-酸盐而从 CO_2 中离析出来，然后在其中进行异构化反应，从而得以保留在皂土中。由此得到的异-α-酸盐和皂土是混为一体的，可在麦汁发酵后加入。该工艺显然对酿酒过程带来了不便，而且在高达 100 ℃的反应器中，酒花油等组分极易分解变质；另外由于 α-酸未进行纯化处理，保留在反应器中的少量的其他组分会不可避免地在 α-酸发生异构化反应的同时发生一些不良副反应。Grant（1985）报道，为了提高 α-酸在液态 CO_2 中的溶解度,可以向萃取系统中加入一种或几种少量的有机溶剂作为夹带剂,这种方法几乎不改变 CO_2 对 α-酸的萃取选择性,但不容置疑的是,采用该工艺制备得到的酒花浸膏存在有机溶剂残留。Kurzhals 和 Hubert（1978）为了既能保持超临界 CO_2 萃取的高效性,又能降低操作费用,研究了在操作压力较低的萃取条件下向超临界 CO_2 中加入夹带剂对酒花进行萃取的工艺。

1.3.4 酒花浸膏的分馏纯化

随着啤酒工业的发展和人们消费水平的提高,高质量和高档次啤酒的生产和消费量逐年提高。为了适应这一商业需求,采用超临界或液态 CO_2 萃取得到的酒花浸膏必须首先进行分馏纯化处理,再制备成相应的酒花制品（如异构酒花浸膏、四氢异构酒花浸膏、Hulupones 酒花浸膏等）,以适应啤酒酿造的特殊工艺或不同工序的要求。对 α-酸如果未考虑进行纯化,除 α-酸之外的其他成分在典型的异构化条件下就可能产生一些无用化合物,从而对啤酒的风味带来不良影响。采用有机溶剂法对其进行纯化处理是不难做到的,且早期的纯化工作也确是这样做的,但这种方法显然破坏了采用超临界或液态 CO_2 萃取的主要优势（无有机溶剂残留）。为了避开使用有机溶剂,科研人员做了大量的研究工作,取得了一定的进展。

Wilson（1984）撰文报道了将液态 CO_2 酒花浸膏分馏成酒花油和软树脂两个馏分的实验研究。Wilson 的工作可以看作是采用了超临界（液态）CO_2 精馏技术（本书第一章 1.2.3 小节）。他使用一只逆流柱,在逆流柱内,液态 CO_2 酒花浸膏与 CO_2 逆向流动,其中易挥发的酒花油被 CO_2 所携带,离开逆流柱后被分离出来,从而得到酒花油含量高达 70%的馏分和酒花油含量较低的软树脂两个馏分。在传统的啤酒酿造工艺中,酒花中的香味物质（主要指酒花油）在麦汁煮沸过程中大部分损失掉,因而造成啤酒香味不足。Wilson 的工作引起了啤酒酿造商的极大兴趣，因为可以将 CO_2 酒花油直接添加于成品啤酒中（酒花油含量低的软树脂仍然添加在煮沸的麦汁锅中）。Wilson 的研究工作注重的是酒花油的浓缩，大大有益于啤酒香味的提高，但未考虑将软树脂中的 α-酸和 β-酸进行分离。

史密斯（1996）为了将超临界 CO_2 萃取的高效性和液态 CO_2 萃取的高选择性结合起来，在酒花的超临界 CO_2 萃取设备中增设了一只逆流柱。在逆流柱中利用液态 CO_2 逆流洗涤超临界 CO_2 酒花浸膏，于是形成了两大优点：①与仅采用超临界 CO_2 萃取技术相比，在没有降低其高产率的情况下，提高了柱顶产品中 α-酸（或 β-酸）的浓度；②与直接采用液态 CO_2 萃取技术相比，不仅提高了萃取效率，而且有更高的萃取选择性。史密斯的这一技术归根结底也属于超临界（液态）CO_2 精馏技术的范畴。但为了使超临界 CO_2 酒花浸膏具有流动性，操作温度必须高于 50 ℃，对产品品质会产生一些不良影响，而且他在操作过程中没有能考虑对精馏柱施加一定的温度场分布（或压力变化），这一不足决定了其产物的纯度不可能达到很高，他采用该技术获得的产品中 α-酸或 β-酸的最大浓度均未超过 60%。但即使考虑施加温度场分布或（和）压力变化（如采用程序升压），由于超临界 CO_2 酒花萃取物中组分较多，而精馏操作往往只能得到一种或两种（在柱顶和柱底分别获得）纯度较高的产物，因此笔者认为采用超临界（液态）CO_2 精馏技术来分离纯化酒花浸膏并不是最佳的选择。

Sharpe 等人（1980）在从事液态 CO_2 萃取酒花浸膏的实验研究时发现，仅采用一只萃取器进行液态 CO_2 萃取时，无论操作条件如何变化，几乎不可能得到富含 α-酸而 β-酸含量较低的分时采样产物，反之亦然。但当将两只萃取器串联起来使用时，在分时采样的萃取产物中，α-酸含量最高达 69.7%，而该馏分中 β-酸的含量仅为 7.3%。Sharpe 认为出现这一令人欣喜现象的原因是由于酒花原料对 α-酸和 β-酸等组分具有明显的层析作用，从而导致各组分从原料中萃取出来时产生了先后次序，先后次序为：精油、β-酸、α-酸、其他组分。Sharpe 将第二只萃取器中的酒花原料改装为酒花萃余物继续试验，结果发现，在分时采样的萃取物中，α-酸含量最高时达 63.6%，而此时 β-酸含量仅为 4.5%，显然分离性能得到了进一步的改善。

笔者认为，Sharpe 等人的研究工作可以看作是超临界（液态）CO_2 色谱分离技术的雏形，用该技术来分离生物资源的有效成分是较佳的方法之一。但 Sharpe 等人的工作未能得到深入研究和发展。从色谱理论进行分析，他们的研究结果未能彻底分开 α-酸和 β-酸的原因，可能是由于超临界 CO_2 萃取物源源不断地进入第二只萃取器，导致"色谱柱"（即第二只萃取器）超负荷运行所致。

1.4 本书研究工作的意义及主要研究内容

1.4.1 开发国产液态 CO_2 酒花制品的意义

我国是世界上生产酒花的第三大国，年产酒花 20 000 t 左右，酒花产地主要分布在新疆、甘肃等高纬度地区的边远省份。近年来，国外的酒花制品，特别是采用液态 CO_2 萃取技术制备的酒花浸膏，逐渐在我国啤酒行业占领销售市场，给我国的酒花业造成了不小的压力。因此，利用我国丰富的酒花资源，采用液态 CO_2 萃取技术制备高质量的酒花制品，满足国内外啤酒制造企业的需求，促进我国酒花业的发展，推动我国西部的经济建设显得尤为重要，可以创造较大的经济效益和社会效益。

啤酒是一种低酒精度大众型消费饮料，具有较高的营养价值。我国是啤酒生产和消费大国，中国啤酒产量在持续 9 年居世界第二位后，于 2002 年以 2 387 万 t 的产量首次超过美国，成为"世界第一啤酒生产大国"，2003 年、2004 年、2005 年和 2006 年中国啤酒产量分别为 2 540 万 t、2 910 万 t、3 189 万 t 和 3 515 万 t，连续五年稳居世界第一，成为名副其实的啤酒生产大国。人均消费量已接近世界人均啤酒消费水平 26 L，但与啤酒消费水平较高的国家相比差距仍然很大，如捷克、美国和德国，人均年消费量高达 196 L、154 L 和 132 L。因此，国外啤酒巨头看中了中国这个巨大的市场空间，不遗余力地扩大在中国的势力范围，目前世界前 10 名的啤酒大鳄都已涉足中国市场。我国大大小小的啤酒制造企业正致力于研究如何提高啤酒的品质，以牢牢占据我国的啤酒消费市场。

随后几年，中国将朝着由"世界第一啤酒生产大国"向"世界啤酒生产强国"的宏伟目标迈进，将采用液态 CO_2 萃取技术制备的酒花制品用于啤酒酿造是提高啤酒品质的有效途径之一。为此，中国酒花的深加工尤其是采用超临界（液态）CO_2 萃取技术研发酒花制品就成为开发和研究的热点。目前，我国的啤酒制造企业所试用或生产上少量采用的 CO_2 酒花制品均从国外进口，价格昂贵，因此，CO_2 酒花制品的国产化能有效促进我国酒花业和啤酒工业的发展。

酒花除作为啤酒工业的原料之外，还是食品加工业一种很好的发酵剂，在医药上也有诸多功用，并可用于各类食品的加香调味。我国政府已将其作为推荐利用的食用香料植物加以推广使用，如将其制成酒花浸膏，使用起来显然方便得多。

我国从事超临界（液态）CO_2 萃取技术的研究起步较晚，目前仍大多处于实验研究阶段，少数已实现工业化应用的项目其规模和运行状况不尽如人意。因此，CO_2 酒花制品的国产化研究，不仅能填补我国在酒花深加工方面的空白，还能推动我国超临界（液态）CO_2 萃取技术的研究和工业化应用进程。

1.4.2　选题依据

20 世纪 80 年代初期，在一些发达国家（如美国、德国）已实现采用液态 CO_2 萃取技术制备酒花浸膏的工业化，这也是超临界（液态）

CO_2 萃取这一高新分离技术得以先期实现工业化应用的实例之一，这表明 CO_2 酒花制品的国产化研究具有技术可行性。

正如本章 1.3.4 小节所述，采用液态 CO_2 制备得到的酒花浸膏必须经过分馏纯化处理，以有效提高啤酒的品质，显著提高酒花利用率，这是啤酒工业发展的需要。目前从国外进口的液态 CO_2 酒花制品均为有效成分的混合物，只不过某一种成分的含量相对较高而已，对 CO_2 酒花浸膏的分馏纯化仍是国内外的研究重点和难点，不仅在国内未见报道，在国际上也处于同类研究的前沿。

1.4.3 主要研究内容

通过考察酒花有效成分提取的国内外研究现状，明确了 CO_2 酒花制品国产化研究的主攻方向以及相应的技术措施，主要研究内容如下。

（1）超临界（液态）CO_2 萃取机理研究及萃取模型的建立；

（2）液态 CO_2 萃取酒花有效成分的工艺试验研究；

（3）从细胞生物学角度，考察酒花萃余物作为液态 CO_2 柱色谱固定相的可行性；

（4）建立液态 CO_2 柱色谱分离系统，从事液态 CO_2 柱色谱分离酒花有效成分的试验研究；

（5）对液态 CO_2 萃取酒花有效成分进行经济效益目标规划。

液态 CO_2 柱色谱分离酒花有效成分是本书的重点研究内容和创新所在。通过上述内容的研究，为我国开发生产液态 CO_2 酒花制品打下理论基础，以便工程项目的实施和经济技术指标的估算；同时也为超临界流体萃取理论积累一定的经验和实验数据，为发展制备型超临界（液态）CO_2 色谱技术提供一定的理论和实验依据。

第二章 固态物料超临界流体萃取模型

超临界流体萃取技术作为一门新型分离技术，在某种程度上结合了蒸馏和有机溶剂萃取的优点，被广泛应用于石油、化工、医药、食品、香料等领域，有着广阔的应用前景，并处于不断发展之中。超临界 CO_2 萃取技术由于具有无有机溶剂残留、可避免不稳定组分氧化或热劣化等优点，特别适用于生物资源有效成分的提取分离。在实际开发和应用中，所处理的原料常常为固态物料，采用超临界 CO_2 萃取技术萃取固态物料时，萃取器内常会出现诸如 CO_2 短路（CO_2 沿阻力小的路径穿过料层）等现象，从而使萃取过程出现显著不均匀的现象。因此，人们在对固态物料进行超临界 CO_2 萃取试验研究或应用开发时，总面临着如何改善萃取器内超临界 CO_2 与固态物料的接触状况以提高萃取效果的棘手问题。

为能描述属于高内压操作的超临界流体对固态物料的萃取过程，本章对固态物料超临界流体萃取首先进行萃取机理分析，进而建立并求解了固态物料超临界流体萃取模型，最终给出了宏观萃取速率表达式。

2.1 萃取机理分析

超临界流体萃取的基本原理是：作为溶剂使用的流动的超临界流体与被萃取物料（液态或固态）接触，使物料中的某些组分（以下称萃取物）被超临界流体溶解并携带，从而与物料中的其他组分（以下称萃余物）分离，接着改变操作条件使超临界流体离析出其所携带的萃取物。一般认为，超临界流体对固态物料的萃取机理与常规流体对固态物料的萃取机理相似，超临界流体属溶剂，而萃取物属溶质。笔者基于溶剂化缔合的观点，提出一种新的萃取机理。

2.1.1 常规流体萃取机理

常规流体对固态物料的萃取过程可作如下描述：溶剂流体首先渗入固态物料颗粒内部，然后物料颗粒表面的萃取物分子通过物料颗粒外围的溶剂流体滞流膜层向溶剂主体扩散；由于萃取物分子从物料颗粒表面向溶剂主体扩散的结果，使物料颗粒内部和颗粒表面之间产生萃取物浓度差，因此物料颗粒内部的萃取物分子又继续向颗粒表面扩散。由此可以看出，在常规流体对固态物料的萃取过程中溶剂所发挥的仅是载体作用。

上述常规流体对固态物料的萃取传质过程得以发生的必要条件是，物料颗粒表面的萃取物浓度必须大于溶剂主体中的萃取物浓度，浓度差愈大，传质进行得愈快，所以溶剂主体应及时将扩散出来的萃取物分子带走，以便保持一定的传质推动力。若浓度差为零，则无净的物质传递，萃取过程也就停止了。可以设想，若溶剂主体不流动，当物料颗粒内部的萃取物分子向溶剂主体中扩散至一定程度时（溶剂达到溶解饱和），萃取物分子的扩散过程便会终止，萃取传质也便不再进行。

由上述对萃取过程的描述，常规流体对固态物料的萃取机理可解释如下：溶剂渗入固态物料颗粒后，萃取物（往往是多组分）分子由固态物料颗粒内部向溶剂主体扩散，并逐步达到扩散平衡，于是在固态物料颗粒内部以及溶剂滞流膜内部形成了一个由内而外逐渐减小的萃取物的浓度分布，质量传递的方向是由内而外，被传递的是萃取物分子。

2.1.2 超临界流体缔合萃取机理

在临界区附近，与液体溶剂相比，超临界流体的可压缩性要高得多，即分子具有较大的自由体积。这样，在分子间吸引力的作用下，超临界溶剂分子就会在溶质分子的周围集聚起来，这一现象称为超临界溶剂的集聚现象。产生这一现象的原因，是由于溶质分子有高度的可极化性以及溶质分子与溶剂分子之间的吸引力远大于溶剂分子与溶剂分子之间吸引力的缘故。这可以通过实验观察到的溶质在超临界流体溶剂中的无限稀释偏摩尔体积是一个极大的负值而获得证明。例如，在 308.4 K 和 $7.97×10^6$ Pa 的条件下，萘在超临界 CO_2 中的无限稀释偏摩尔体积 V_1^∞ = -7 800 cm^3/mol，而对应的混合物摩尔体积 V=113 cm^3/mol，这表明在每一个溶质分子周围大约集聚了 80 个溶剂分子。该现象还有一个例证，那就是溶质分子的微量存在，引起处在临界区或超临界区的大量溶剂分子在溶质分子周围集聚，从而导致混合物体积大大缩小。

超临界流体对固态物料的萃取作用可以看作是该微观集聚现象的一种宏观表现，当超临界流体与固态物料接触时，超临界流体的分子就会在萃取物分子周围发生集聚，于是萃取物分子就被超临界流体分子层层包裹在中间，两者成为不可分割的"整体"，就如同发生化学反应生成了另一种物质（许多文献常常称：萃取物被超临界流体溶解并"携带"，其实也隐含这一层意思），这在化学上称为溶剂化缔合观点。

溶剂化缔合观点可作如下通俗的解释：在含有超临界流体和溶质的体系中，溶质分子与超临界流体分子发生缔合反应，"生成"溶剂化缔合物。在理想情况下，一个溶质分子 A 与 n 个超临界流体分子 B 缔合，"生成"一个溶剂化缔合分子 AB_n，缔合反应式如下：

$$A+nB \Leftrightarrow AB_n \tag{2-1}$$

一般认为，当体系压力大于起始萃取压力时，便会产生溶剂化缔合物分子 AB_n，而当体系压力低于起始萃取压力时，溶剂化缔合物分子 AB_n 将分解为分子 A 和 B。更一般的说法是：当操作条件发生变化时，尤其是当体系的状态远离超临界区域时，集聚现象不复存在，携带有萃取物的超临界流体便会将萃取物离析出来。为书写方便，本章特把"溶剂化缔合物分子 AB_n"简记为"流体 F"。

2.1.3 缔合萃取历程的步骤

根据上述超临界流体缔合萃取机理，超临界流体对固态物料的萃取过程可作如下描述：操作刚开始时，超临界流体仅对固态物料颗粒（以下简称颗粒）外表面进行萃取，萃取物被超临界流体溶解并携带，于是产生很薄的固态萃余物层，其内则是未被萃取的固态物料（以下称未萃取芯），二者的交界面为萃取界面（见图 2-1）。超临界流体通过固态萃余物层扩散至萃取界面，对未萃取芯进行萃取，于是固态萃余物层不断向颗粒中心扩展，未萃取芯逐渐缩小，萃取界面逐渐由外向内收缩。所以在整个萃取过程中，萃取界面是不断变小的，简言之，萃取过程仅发生在固态萃余物层和未萃取芯之间的萃取界面上，萃取界面由表及里逐渐往颗粒中心收缩，未萃取芯逐渐缩小。为此，本章所建立的固态物料超临界流体萃取模型可称为"固态物料超临界流体缩芯萃取模型"。

由于有固态萃余物层存在，故在整个萃取操作过程中，颗粒大小保持不变，萃取历程按以下步骤进行。

（1）超临界流体 B 从流体主体通过颗粒外围的流体滞流膜层扩散至颗粒外表面；

（2）超临界流体 B 从颗粒外表面通过固态萃余物层扩散至萃取界面（萃取刚开始时，颗粒外表面即为萃取界面，此时不存在固态萃余物层）；

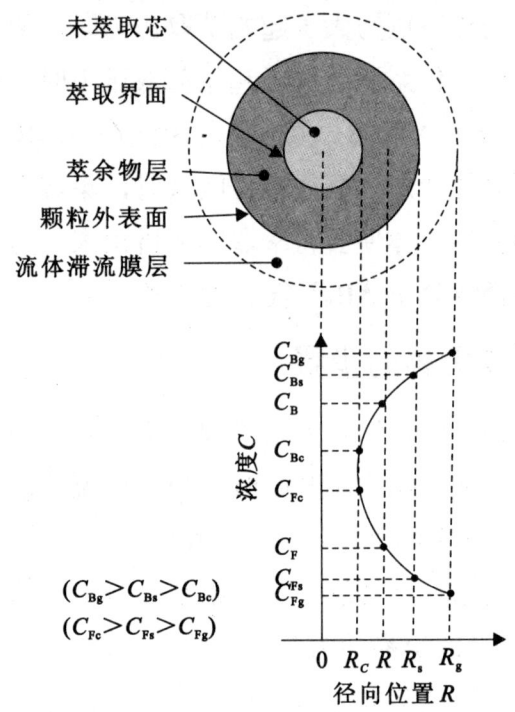

图 2-1　流体浓度随径向位置变化示意图

（3）超临界流体 B 在萃取界面上与萃取物分子 A 发生缔合作用，"生成"溶剂化缔合物分子 AB_n（流体 F）；

（4）流体 F 通过固态萃余物层由内而外扩散至颗粒外表面；

（5）流体 F 从颗粒外表面通过流体滞流膜层扩散至流体主体中。

2.2　萃取模型的提出及假设

在稳态萃取过程中，单位时间内超临界流体 B 通过颗粒外表面扩散进入颗粒内部的量，应等于单位时间内超临界流体 B 通过固态萃余物层扩散至萃取界面的量，同时也应等于单位时间内超临界流体 B 在萃取界面上被缔合消耗的量。建立萃取模型的目的之一是为了能给出宏观萃取速率表达式，为此，下文将稳态萃取过程中超临界流体 B 在单位时间内被传递（或消耗）的量定义为整个萃取过程的宏观萃取速率。为能对萃取过程进行数学描述,以便于建立数学模型,特对萃取体系作如下几点合理假设。

(1) 固态物料颗粒为球形;

(2) 缔合作用仅发生在萃取界面上;

(3) 固态物料颗粒内部的温度和压力是均匀一致的;

(4) 整个萃取过程为拟稳态过程(即把原本是非稳态的过程近似看作为稳态过程)。

2.3 萃取模型的建立

在流体滞流膜层及固态萃余物层内,超临界流体 B 由外向内移动,流体 F 则由内向外移动,两者的扩散方向相反,B 的浓度由外向内逐渐降低,而 F 的浓度分布则相反。图 2-1 所示为超临界流体 B 和流体 F 两者的浓度随固态物料颗粒径向位置的变化情况,图中相关符号的下标 B 和 F 分别代表超临界流体和溶剂化缔合物流体,下标 g、s 和 c 分别代表流体滞流膜层外表面、颗粒外表面和萃取界面。C_B 和 C_F 分别代表固态萃余物层内任一径向位置 R 处超临界流体 B 和流体 F 的浓度。

在萃取模型的建立过程中,可以仅考虑单一球形颗粒的情形。

2.3.1 流体滞流膜层内的传质

按照上面的定义,整个萃取过程的宏观萃取速率应等于单位时间内超临界流体 B 通过流体滞流膜层(其厚度相对颗粒半径而言小得多)扩散至颗粒外表面的量,于是有:

$$J_B = 4\pi R_s^2 k_c (C_{Bg} - C_{Bs}) \qquad (2-2)$$

式中,J_B —— 单位时间内,超临界流体 B 的传递量,即整个萃取操作过程宏观萃取速率值,kmol/s;

R_s —— 颗粒半径,m;

k_c —— 超临界流体 B 在流体滞流膜层内的对流传质系数，m/s；

C_{Bg} —— 超临界流体 B 在流体滞流膜层外表面处的浓度，即 B 在流体主体中的浓度，$kmol/m^3$；

C_{Bs} —— 超临界流体 B 在颗粒外表面处的浓度，$kmol/m^3$。

2.3.2 固态萃余物层内的传质

宏观萃取速率 J_B 也应等于单位时间内超临界流体 B 通过固态萃余物层扩散至萃取界面的量，于是有：

$$J_B = 4\pi R_c^2 D \left(\frac{dC_B}{dR}\right)_{R=R_c} \tag{2-3}$$

式中，R —— 萃余物层内任一径向位置处的半径，m；

R_c —— 未萃取芯半径，m；

D —— 超临界流体 B 在固态萃余物层内的有效扩散系数，m^2/s；

$\dfrac{dC_B}{dR}$ —— 固态萃余物层内，超临界流体 B 的浓度沿 R 方向的变化率，$kmol/(m^3 \cdot m)$。

2.3.3 萃取界面上的缔合

宏观萃取速率 J_B 也应等于单位时间内超临界流体 B 在萃取界面上被缔合消耗的量，于是有：

$$J_B = 4\pi R_c^2 k C_{Bc} \tag{2-4}$$

式中，k —— 发生在萃取界面上的萃取（缔合）速率常数，m/s；

C_{Bc} —— 超临界流体 B 在萃取界面处的浓度，$kmol/m^3$。

将（2-2）、（2-3）和（2-4）三式联立起来，即可得到在稳态萃取过程中，以超临界流体 B 对固态物料的宏观萃取速率表示的萃取数学模型。

$$J_B = 4\pi R_s^2 k_c (C_{Bg} - C_{Bs})$$

$$= 4\pi R_c^2 D \left(\frac{dC_B}{dR}\right)_{R=R_c} \quad (1)$$

$$= 4\pi R_c^2 k C_{Bc}$$

2.4 萃取模型的求解

2.4.1 固态萃余物层内的浓度分布

了解超临界流体 B 在固态萃余物层内的浓度分布规律，对上述萃取模型的进一步求解会有很大帮助。

在固态萃余物层内的任一径向位置 R 处，取厚度为 ΔR 的微元壳体，在稳态萃取过程的条件下对此微元壳体作超临界流体 B 的物料衡算。由于超临界流体 B 在固态萃余物层内不发生缔合作用，也即无消耗，而且由于是稳态萃取过程，因而超临界流体 B 在固态萃余物层内无积累，于是有：

$$\left(4\pi R^2 D \frac{dC_B}{dR}\right)_R - \left(4\pi R^2 D \frac{dC_B}{dR}\right)_{R+\Delta R} = 0 \quad (2\text{-}5)$$

当 $\Delta R \to 0$ 时取极限可得：

$$\frac{d}{dR}\left(R^2 \frac{dC_B}{dR}\right) = 0 \quad (2\text{-}6)$$

上式的边界条件为：

$$C_B = \begin{cases} C_{Bs} & (R = R_s \text{时}) \\ C_{Bc} & (R = R_c \text{时}) \end{cases} \quad (2\text{-}7)$$

在上述边界条件下，将式（2-6）积分两次，得：

$$C_B = C_{Bc} + \frac{R_s}{R_s - R_c}\left(1 - \frac{R_c}{R}\right)(C_{Bs} - C_{Bc}) \qquad (2\text{-}8)$$

此式即为超临界流体 B 在固态萃余物层内的浓度分布。

2.4.2 宏观萃取速率

为了对式（2-2）、（2-3）和（2-4）所表示的萃取数学模型进行求解，首先必须消除式（2-3）中的微分表达式 $\left(\dfrac{dC_B}{dR}\right)_{R=R_c}$。

将式（2-8）对 R 微分，并令 $R=R_c$，得：

$$\left(\frac{dC_B}{dR}\right)_{R=R_c} = \frac{R_s}{(R_s - R_c)R_c}(C_{Bs} - C_{Bc}) \qquad (2\text{-}9)$$

将式（2-9）代入式（2-3），得：

$$J_B = 4\pi \frac{DR_s R_c}{R_s - R_c}(C_{Bs} - C_{Bc}) \qquad (2\text{-}10)$$

于是有：

$$J_B = 4\pi R_s^2 k_c (C_{Bg} - C_{Bs})$$

$$= 4\pi \frac{DR_s R_c}{R_s - R_c}(C_{Bs} - C_{Bc}) \qquad (2)$$

$$= 4\pi R_c^2 k C_{Bc}$$

在上述三式中，C_{Bs} 和 C_{Bc} 不便测量，应设法从萃取数学模型中消去，从而将宏观萃取速率 J_B 表示成 C_{Bg} 及 R_c 的函数。通过联立求解上述三式，便可得到：

$$J_B = \frac{4\pi R_s^2 R_c^2 C_{Bg}}{R_s^2/k + R_c^2/k_c + R_s R_c (R_s - R_c)/D} \qquad (2\text{-}11)$$

上式中，R_c 为变量，它随着萃取时间 t 的变化而变化。

根据球形颗粒的几何特征，单位时间内单个颗粒内部萃取物 A 被萃取（缔合）的量为：

$$J_A = -\frac{\rho_A}{M_A} \cdot \frac{d}{dt}\left(\frac{4}{3}\pi R_c^3\right) = -\frac{4\pi R_c^2 \rho_A}{M_A} \cdot \frac{dR_c}{dt} \tag{2-12}$$

式中，ρ_A —— 萃取物 A 的密度，kg/m^3；

M_A —— 萃取物 A 的摩尔质量（平均值），$kg/kmol$。

参阅式（2-1），根据超临界流体 B 与萃取物 A 发生缔合萃取作用的计量系数关系，有：

$$J_B = nJ_A = -\frac{4n\pi R_c^2 \rho_A}{M_A} \cdot \frac{dR_c}{dt} \tag{2-13}$$

联立式（2-11）和式（2-13），得：

$$\begin{cases} J_B = \dfrac{4\pi R_s^2 R_c^2 C_{Bg}}{R_s^2/k + R_c^2/k_c + R_s R_c (R_s - R_c)/D} \\ J_B = nJ_A = -\dfrac{4n\pi R_c^2 \rho_A}{M_A} \cdot \dfrac{dR_c}{dt} \end{cases} \tag{3}$$

此即以 C_{Bg} 和 t 为参数（R_c 可看作中间变量）的宏观萃取速率表达式。

2.4.3 萃取率与萃取时间的关系

超临界流体对固态物料中萃取物 A 的萃取率 E（A 的回收率）显然是随着萃取时间 t 的增加而增大的，而且它与未萃取芯的大小即萃取界面的半径 R_c 之间的关系可以很方便地用数学公式表示出来。萃取物 A 的萃取率 E 应为固态萃余物层体积与固态物料颗粒体积的比值，根据球形颗粒的几何特征，有：

$$E = \frac{\frac{4}{3}\pi R_s^3 - \frac{4}{3}\pi R_c^3}{\frac{4}{3}\pi R_s^3} = 1 - \left(\frac{R_c}{R_s}\right)^3 \tag{2-14}$$

因此，明确萃取界面半径 R_c 与萃取时间 t 之间的关系，即可反映萃取率 E 与萃取时间 t 之间的关系。

结合式（2-11）和式（2-13），将宏观萃取速率 J_B 看作中间变量并消去之得：

$$-\frac{dR_c}{dt} = \frac{M_A R_s^2 C_{Bg}/n\rho_A}{R_s^2/k + R_c^2/k_c + R_s R_c(R_s - R_c)/D} \tag{2-15}$$

按 $t=0$，$R_c=R_s$ 的边界条件对上式积分，有：

$$-\frac{M_A R_s^2 C_{Bg}}{n\rho_A}\int_0^t dt = \int_{R_s}^{R_c}\left[\frac{R_s^2}{k} + \frac{R_c^2}{k_c} + \frac{R_s R_c(R_s - R_c)}{D}\right]dR_c \tag{2-16}$$

引入无因次参数：

$$Q = \frac{n\rho_A R_s}{M_A k C_{Bg}} \quad ; \quad Y_1 = \frac{D}{k_c R_s} \quad ; \quad Y_2 = \frac{kR_s}{D} \tag{2-17}$$

整理积分式（2-16），得：

$$t = Q\left(1 - \frac{R_c}{R_s}\right)\left\{1 + \frac{Y_1 Y_2}{3}\left[\left(\frac{R_c}{R_s}\right)^2 + \frac{R_c}{R_s} + 1\right] + \frac{Y_2}{6}\left[\left(\frac{R_c}{R_s} + 1\right) - 2\left(\frac{R_c}{R_s}\right)^2\right]\right\}$$

$$\tag{2-18}$$

根据上式，即可估算出超临界流体对固态物料颗粒完全萃取（此时未萃取芯消失，萃取界面半径 R_c 缩小为 0）所需的时间。将 $R_c=0$ 代入式（2-18），得：

$$t_{end} = Q\left(1 + \frac{Y_1 Y_2}{3} + \frac{Y_2}{6}\right) \tag{2-19}$$

将萃取率 E 与萃取界面半径 R_c 的关系式（2-14）和萃取界面半径 R_c 与萃取时间 t 的关系式（2-18）结合起来，即可得到萃取率 E 与萃取时间 t 之间的关系，关系式如下：

$$t = Q\left[1-(1-E)^{1/3}\right]\left\{1+\frac{Y_1 Y_2}{3}\left[(1-E)^{2/3}+(1-E)^{1/3}+1\right]+\frac{Y_2}{6}\left[(1-E)^{1/3}+1-2(1-E)^{2/3}\right]\right\}$$

（2-20）

超临界流体萃取固态物料多为半间隙操作（即固态物料一次性装入萃取器，然后超临界流体连续通入），因此 C_{Bg} 既随萃取器内轴向位置的不同而变化，也随萃取时间的变化而变化。在本书第三章的萃取试验研究中发现，在萃取过程的前期，C_{Bg} 能近似保持为常数，且超临界流体的流量越小，即流速越低，C_{Bg} 保持常数的特性越好（参阅本书第三章 3.4 节）。上文在对式（2-16）进行积分时，已把 C_{Bg} 视为常数。

应予强调指出的是，C_{Bg} 是指游离态的超临界流体分子 B 在流体滞流膜层外表面处的浓度（与其在流体主体中的浓度相同），包含在溶剂化缔合物分子 AB_n 中的超临界流体分子 B 不应计入其中。

2.5 萃取模型的修正及应用

2.5.1 与常见传质问题的相似性

本章所建立的萃取模型是针对超临界流体对固态物料的萃取过程而建立起来的。该萃取过程与化工领域中的许多化工操作存在相似之处，它们都与流体通过固定床（众多固体颗粒堆积而成的静止的颗粒层称为固定床）的流动有关，在流体与固体颗粒之间均发生了物质传递。流体与固体颗粒之间发生物质传递在化工中是很普遍的现象，例如微粒燃料的燃烧、气固非均相催化反应（流体通过固定床反应器进行化学反应，此时组成固定床的颗粒是粒状或片状催化剂）、晶体的成长及细粒的溶解等均属此类。

作为分析上述传质问题的起点,一般总是先考虑单颗粒状况,且假设颗粒是球形的,从而建立起固定床内质量传递的最简单模型。传质理论认为,发生在流体与颗粒之间的质量传递应包括内部的传递、通过界面的传递以及颗粒表面与流体之间的传递。这些基本原则和理论已被应用于本章所建立的萃取模型中。

流体流动速度的大小对传质速率有显著影响。流体流动速度越大,物质的浓度差越大,传质推动力便越大;而且流体流动的速度大小不同,颗粒表面附近流体的流型也存在很大的差异,物质传递机理也就不同。对于低雷诺数下的传递,从事相关实验研究相当困难,一般按传质边界层理论作解析计算;对于高雷诺数下的传递,则主要依靠试验测定。

2.5.2 非球形固态物料颗粒的当量化

流体通过固定床的流动尽管与流体的管内流动相仿,都属于固体边界内部的流动问题,但前者的边界条件复杂得多,往往难以用方程式来表示。固定床内的流体通道是由大量尺寸不等、形状往往也不规则的固体颗粒随机堆积而成的,具有复杂的空间网状结构。不难理解,这样的复杂通道与固体颗粒的特性(体积、形状和表面积等)密切相关。

工业上所遇到的固体颗粒大多是非球形的,超临界流体萃取的固态物料对象也是如此。非球形颗粒的形状千差万别,不可能一一单独研究,但可以以某种当量的球形颗粒来代替非球形颗粒,以保证两者在影响固定床流体通道的某一颗粒特性方面具有等效性,如体积方面等效、面积方面等效或比表面积方面等效等。形状不同、尺寸不同的非球形颗粒,其当量球形颗粒的直径 d_e(称为当量直径)显然是不相同的。

2.5.3 非球形颗粒的面积当量球体

对球形颗粒而言，只需一个参数即球形颗粒的直径 d 便可唯一地确定颗粒的体积 v、表面积 s 和比表面积 a（单位体积颗粒所具有的表面积），关系式如下：

$$s = \pi d^2 \qquad (2\text{-}21)$$

$$v = \frac{\pi}{6} d^3 \qquad (2\text{-}22)$$

$$a = \frac{s}{v} = \frac{6}{d} \qquad (2\text{-}23)$$

对于非球形颗粒，至少必须定义两个参数才能确定其体积 v、表面积 s 和比表面积 a，这是不难理解的。在固定床的传热及传质研究中，通常定义面积当量直径 d_{es}（使当量球体颗粒的表面积 πd_{es}^2 等于真实颗粒的表面积 s，即保证两者在表面积方面等效）和形状系数 ψ（体积当量球体的表面积 πd_{ev}^2 与真实颗粒表面积 s 的比值），即：

$$d_{es} = \sqrt{\frac{s}{\pi}} \qquad (2\text{-}24)$$

$$\psi = \frac{\pi d_{ev}^2}{s} \qquad (2\text{-}25)$$

式中，d_{ev} —— 体积当量直径（即与真实颗粒在体积方面等效的当量球体的直径），$d_{ev} = \sqrt[3]{\dfrac{6v}{\pi}}$，m；

于是，真实颗粒的体积 v、表面积 s 和比表面积 a 可表示为面积当量直径 d_{es} 和形状系数 ψ 的函数，关系式如下：

$$v = \frac{\pi}{6} \psi^{3/2} d_{es}^3 \qquad (2\text{-}26)$$

$$s = \pi d_{es}^2 \qquad (2\text{-}27)$$

$$a = \frac{6}{\psi^{3/2} d_{es}} \qquad (2\text{-}28)$$

2.5.4　圆柱体的面积当量球体

在本书第三章论述超临界（液态）CO_2 流体萃取颗粒酒花的实验研究时，颗粒酒花原料呈圆柱状，根据式（2-24）和式（2-25）的定义及圆柱体的几何特征，其面积当量直径 d_{es} 和形状系数 Ψ 的表示式如下：

$$d_{es} = \sqrt{\frac{s}{\pi}} = \sqrt{\frac{d^2 + 2dH}{2}} \qquad (2\text{-}29)$$

$$\psi = \frac{\pi d_{ev}^2}{s} = \frac{\pi \sqrt[3]{\left(\frac{6v}{\pi}\right)^2}}{s} = \frac{\sqrt[3]{18dH^2}}{d+2H} \qquad (2\text{-}30)$$

式中，d —— 圆柱体的直径，m；

H —— 圆柱体的高度，m。

实际应用时，首先测定颗粒酒花圆柱体的直径 d 和高度 H，然后代入式（2-29）和式（2-30），便可求得其面积当量直径 d_{es} 和形状系数 Ψ。以 $d_{es}/2$ 取代本章所建立的萃取模型中的 R_s，即可得到颗粒酒花的超临界（液态）流体缔合萃取模型。形状系数 Ψ 可用于对模型求解结果进行修正。

2.6　萃取模型的验证

上述建立的萃取模型必须得到验证和发展，为此可以采用直接验证法和（或）间接验证法来验证萃取模型的正确性。

2.6.1 直接验证法

直接验证法必须通过实验直接证实上述萃取模型的内容或其所反映的现象，因此验证实验条件必须尽可能与模型假设相符。为了能对上述萃取模型进行直接验证，下面提出直接验证的实验方案，要点如下。

（1）通过估算或实验测定确定有关系数，如超临界流体 B 在流体滞流膜层内的对流传质系数 k_c、超临界流体 B 在固态萃余物层内的有效扩散系数 D、发生在萃取界面上的萃取速率常数 k 以及计量系数 n 等；

（2）采用具有细微多孔结构且不溶于超临界流体的材料（如陶瓷、粉末冶金材料等）加工若干只球形颗粒（颗粒直径约为 1~2 cm），实验前使其均匀浸透某种单组分物质（该物质可溶解于超临界流体，且溶解度较小，这样可延长萃取时间，减小实验误差），以此来模拟固态萃取物料的球形颗粒；

（3）为使验证实验简单可行，萃取器内仅放置一层特制的球形颗粒（即不叠放，以避免 C_{Bg} 在萃取器内沿超临界流体主体的流动方向发生变化），实验时使超临界流体流速尽可能小，以保证在萃取器内达到近似稳态的平衡传质过程，这样可使 C_{Bg} 在整个萃取过程中近似保持为常数，在计量系数 n 确定后可以方便地求得 C_{Bg} 的值；

（4）测量实验前后特制球形颗粒的重量，即可知晓该次实验对萃取物的萃取率。通过对在不同萃取率下实际萃取实验所需的萃取时间和从式（2-20）计算得到的萃取时间进行比较，即可验证本章所建立的萃取模型。

2.6.2 间接验证法

如果由于条件的限制，不能对所建立的萃取模型进行直接验证，可以通过相关实验研究来验证所建立的萃取模型导致的必然结果或客观效应，从而间接地证实萃取模型的内容。有关间接验证的论据将在本书第三章结合液态 CO_2 萃取啤酒花浸膏的试验研究进行分析和讨论。

2.7 本章小结

本章围绕固态物料的超临界流体萃取模型进行了相关研究，主要内容和结论如下。

（1）分析了常规流体对固态物料的萃取机理；

（2）基于溶剂化缔合的观点，提出了固态物料的超临界流体缔合萃取机理；

（3）建立了固态物料的超临界流体缔合萃取数学模型；

（4）通过对萃取模型的求解，得到了宏观萃取速率的数学表达式，推导出了萃取率与萃取时间之间的关系；

（5）通过与化工中常见传质问题的比较，以及对非球形颗粒的当量化处理，对所建立起来的萃取数学模型进行了合理的修正；

（6）考虑到对所建立的萃取数学模型必须进行验证和发展。

本章所建立的萃取模型虽然是针对超临界流体萃取固态物料而提出和建立起来的，但只要萃取操作压力高于起始萃取压力，则同样适用于亚临界（液态）流体对固态物料的萃取过程。

第三章　啤酒花浸膏液态 CO_2 萃取及应用试验

3.1　引言

20世纪80年代初期，美国、德国等一些发达国家采用超临界（或液态）CO_2 萃取技术进行工业化制备酒花浸膏，这也是超临界（液态）CO_2 萃取这一高新分离技术首先得到工业化应用的实例之一。采用该技术从天然酒花中提取、浓缩而得到的酒花浸膏无有机溶剂残留，可以明显提高啤酒的非生物稳定性，延长啤酒保存期，赋予啤酒高度纯正的香味和苦味，明显改善啤酒的泡沫性能，使用和保存均比较方便，且可大大提高酒花的有效利用率，因而被越来越多的啤酒行业所采纳，具有很大的发展前途。

我国具有丰富的酒花资源，因此，充分利用酒花资源开发生产优质的国产 CO_2 酒花浸膏，替代昂贵的进口产品，并使酒花这一农产品资源得以大幅增值，不仅能填补我国在酒花深加工方面的空白，促进酒花业的发展，推进中西部的经济建设和社会进步，同时还能有效地促进我国啤酒工业的发展，具有较大的经济效益和社会效益。

为促进该项目在我国付诸实施，本章主要围绕啤酒花浸膏液态 CO_2 萃取及应用试验，叙述以下研究工作。

（1）测定在不同的压力和温度条件下酒花浸膏在 CO_2 中的溶解度，综合比较超临界 CO_2 和液态 CO_2 两者对酒花浸膏萃取效果的差异；

（2）通过工艺试验，研究原料含水率和原料类型对液态 CO_2 萃取效果的影响，着重讨论对酒花浸膏得率的影响；

（3）通过工艺试验，考察液态 CO_2 相对流量的大小对萃取效果的影响；

（4）将在工艺试验中制备得到的液态 CO_2 酒花浸膏应用于啤酒酿造试验，并与采用国产颗粒酒花和进口酒花浸膏的啤酒酿造试验进行对比。

3.2　酒花浸膏在超临界和液态 CO_2 中的溶解度测定

3.2.1　测定目的

国外工业化生产 CO_2 酒花浸膏，有的采用超临界 CO_2 萃取工艺，有的采用液态 CO_2 萃取工艺，为能综合比较两者萃取效果的差异，本章首先测定在不同压力和温度条件下，酒花浸膏在两种状态 CO_2 中的溶解度。

3.2.2　测定装置和材料

测定装置：本研究采用自行研制的超临界（液态）CO_2 萃取试验装置（江苏省南通市华安超临界萃取有限公司协助制造），流程如图 3-1 所示。本套试验装置不仅适用于超临界 CO_2 萃取，也适用于液态 CO_2 萃取；既能带压分离，也可常压分离；既能对 CO_2 实现循环使用，也可对 CO_2 实现排空操作。

测定材料：啤酒花（产地：甘肃）。

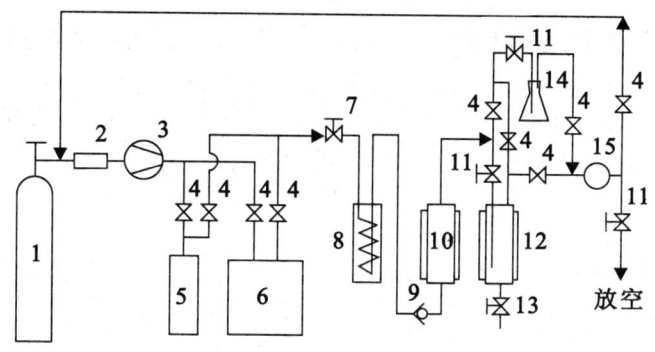

图 3-1 超临界（液态）CO_2 萃取试验装置

1. CO_2 钢瓶　　2. 过滤器　　3. 膜片压缩机　　4. 截止阀
5. 缓冲器　　6. 制冷液化装置　　7. 稳压阀　　8. 换热器
9. 单向阀　　10. 萃取器　　11. 节流阀　　12. 分离器
13. 采样阀　　14. 常压分离装置　　15. 流量计

3.2.3 测定方法

酒花浸膏组成非常复杂，常说的两种主要有效成分 α-酸和 β-酸其实也都是多种组分（同类异构物）的混合物，因此测定纯品的溶解度对实际萃取操作并没有太大的指导意义，而且也很难获得相应的纯品。为此，本研究仅测定某特定组成的酒花浸膏（混合物）在 CO_2 中的溶解度。

将足量的酒花浸膏（预备试验中获得的酒花萃取物，α-酸和 β-酸含量分别为 38.1%和 27.4%）涂抹在不锈钢金属网上，称重后将其搁置于萃取器中；调压、调温至相应状态，保压保温 2 h；打开与萃取器相连的节流阀，使 CO_2 缓慢排出直至萃取器内压力降为常压，记录流出的 CO_2 的量；打开萃取器，取出不锈钢金属网，称重；不锈钢金属网前后两次称重的差值即为酒花浸膏溶解于相应状态 CO_2 中的量，从而便可计算出某特定组成的酒花浸膏在相应状态 CO_2 中的溶解度。

3.2.4 结果分析与讨论

图 3-2 所示为在各种不同的压力和温度条件下,上述特定组成的酒花浸膏在相应状态 CO_2 中的溶解度的测定结果。

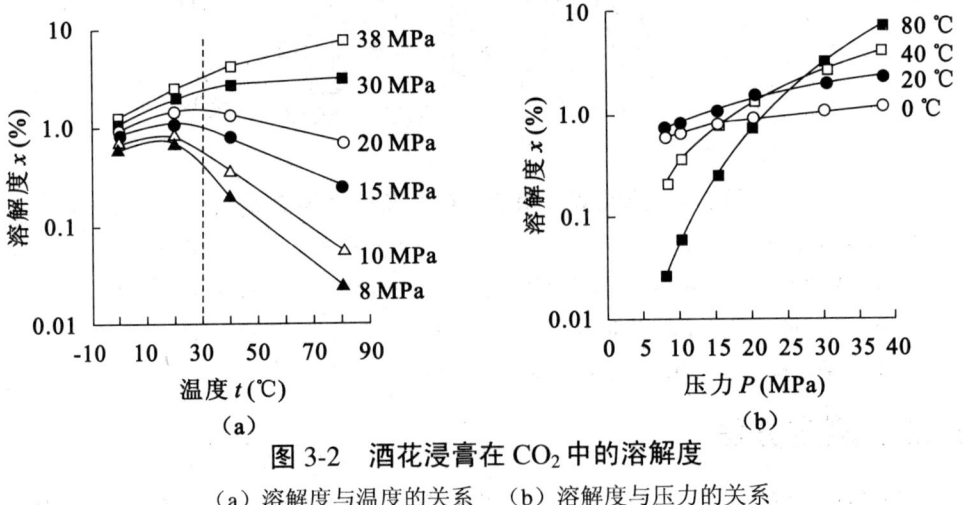

图 3-2 酒花浸膏在 CO_2 中的溶解度
(a) 溶解度与温度的关系 (b) 溶解度与压力的关系

3.2.4.1 温度对溶解度的影响

在图 3-2(a)中,虚线左侧为液态 CO_2 区域,虚线右侧为超临界 CO_2 区域。从图中可以看出,当萃取压力在 20 MPa 左右时,酒花浸膏在超临界 CO_2 中的溶解度与其在液态 CO_2 中的溶解度相当;当萃取压力低于 20 MPa 时,在实验温度范围内(0~80 ℃),酒花浸膏在超临界 CO_2 中的溶解度明显比其在液态 CO_2 中的溶解度低;当萃取压力高于 20 MPa 时,在实验温度范围内(0~80 ℃),酒花浸膏在超临界 CO_2 中的溶解度明显比其在液态 CO_2 中的溶解度高。

温度对溶解度的影响在高压和低压时呈现出截然相反的情形。对单组分溶质而言,存在某一特定压力,在该压力下,溶质在 CO_2 中的溶解度不随温度条件的变化而改变,这一压力称为该组分的转变压力。从图 3-2(b)中可以发现,由于酒花浸膏是多组分混合物,因此其转变压力不是一固定值,而是一压力范围。温度对溶解度的影响主要有两方面，一是改变溶质的蒸汽压，二是改变溶剂的密度。在较高压力下，由于 CO_2 的可压缩性较小，故升高温度时 CO_2 密度下降的程度较小，但溶质的挥发度却提高较多，最终导致溶解度增大；在较低压力下，由于 CO_2 可压缩性较大，故升高温度时 CO_2 密度下降较多，溶质挥发度的提高不足以补偿因 CO_2 密度降低而引起的溶解能力的下降，故最终导致溶解度降低。

3.2.4.2 压力对溶解度的影响

在图 3-2（b）中，对应于 0 ℃和 20 ℃的两条液态 CO_2 等温线较为平坦，而对应于 40 ℃和 80 ℃的两条超临界 CO_2 等温线较为陡峭。这表明，当采用液态 CO_2 萃取时，提高萃取压力对增加酒花浸膏的溶解度并没有显著的效果，反而会使能耗增加，图 3-2（a）中虚线左侧的等压线紧靠在一起反映了同样的结论；当采用超临界 CO_2 萃取时，提高萃取压力对增加酒花浸膏的溶解度有相对显著的效果，图 3-2（a）中虚线右侧的等压线相距较远，也反映了同样的结论。

溶解度随压力的升高而增加的主要原因是，温度一定时，CO_2 的密度随压力升高而增大，其溶解能力也随之增加。但由于液态 CO_2 的可压缩性比超临界 CO_2 小得多，故其溶解能力随压力升高而增加的程度也小得多。这一现象还可以从物质结构的观点加以解释，当压力升高时，CO_2 密度增加，分子间距离 r 减小，CO_2 分子间相互作用能则以 r^{-6} 的速度急剧增大，同样，萃取物分子间相互作用能也有一定程度的提高（可压缩性相对较小）。因此，在高压下与萃取物分子（A）形成溶剂化缔合物分子（AB_n）的 CO_2 分子（B）的数目便有所降低，即溶剂化缔合物分子 AB_n 中的计量系数 n 减小，从而导致等量的 CO_2 可以形成较多量的缔合物，宏观表现即为萃取物在 CO_2 中的溶解度得以提高。

采用超临界 CO_2 萃取工艺而不用液态 CO_2 萃取工艺提取酒花浸

膏，一般是出于提高酒花浸膏得率的目的，因为超临界 CO_2 不仅会萃取出酒花原料中的 α-酸和 β-酸等软树脂组分，同时还萃取出除软树脂组分之外的硬树脂等组分，因此这一工艺往往采取较高的萃取压力和较高的萃取温度，故提取得到的酒花萃取物有一股煮熟的蔬菜味，使有效成分（尤其是香味物质）遭受到一定程度的破坏。采用液态 CO_2 萃取工艺提取酒花浸膏，不仅运行费用低、能耗小，而且萃取物的质量也明显优于超临界 CO_2 萃取物的质量，萃取物具有新鲜的酒花清香气味。采用液态 CO_2 萃取工艺较为符合我国国情（酒花资源丰富，价格相对便宜，故对制备酒花浸膏的得率要求相对较低）。因此，本研究建议，在我国适宜采用液态 CO_2 萃取工艺，且建议萃取压力低于 15 MPa，萃取温度在 0~20 ℃范围内。

3.3　酒花原料对液态 CO_2 萃取效果的影响

3.3.1　试验装置

本研究所用试验装置如图 3-1 所示。选用液态 CO_2 萃取操作流程，对萃取物实行带压分离，对 CO_2 实现循环使用。

3.3.2　试验设计

本项研究所采取的操作工艺参数如下：萃取压力 10 MPa，萃取温度 7 ℃，分离压力 4 MPa，分离温度 40 ℃，CO_2 相对流量 3.185 kg/h·kg 原料。

考察原料含水率对萃取效果影响的研究时，所用原料为甘肃产的酒花粉（颗粒酒花压制前的产品，以下同）。原料含水率的调节方法如下：酒花粉原始含水率为 6.84%；用鼓风干燥机将酒花粉 50 ℃恒温烘干至含水率为 4.00%；将酒花粉置于潮湿空气中回潮，使含水率分别达 8.00%和 12.70%。

考察原料类型对萃取效果影响的研究时,所使用的原料共有三种,一种是颗粒酒花,一种是酒花粉,另一种是将上述酒花粉在试验前用粉碎机进一步粉碎而得到的产品(以下称粉碎酒花)。经测定,上述三种类型原料的 α-酸、β-酸和水分含量如表 3-1 所示,酒花粉和粉碎酒花的粒度分布如表 3-2 所示。

表 3-1 酒花原料的组成

原料类型	α-酸(%)	β-酸(%)	水分(%)
颗粒酒花	6.10	4.30	6.80
酒花粉	6.15	4.27	6.84
粉碎酒花	6.07	4.22	6.93

表 3-2 酒花粉和粉碎酒花的粒度分布

颗粒直径(mm)		<0.3	0.3~0.6	0.6~1.0	1.0~2.0	>2.0
重量百分率(%)	酒花粉	15.7	25.2	28.1	18.5	12.5
	粉碎酒花	36.4	33.6	21.3	8.2	0.5

3.3.3 结果分析与讨论

3.3.3.1 原料含水率对酒花浸膏得率的影响

采用液态 CO_2 萃取酒花浸膏时,酒花原料含水率的高低对酒花浸膏得率的影响如图 3-3 所示。在实验过程中发现,当原料含水率较高时,萃取物中有相当量的水分,这实际上降低了酒花浸膏的得率;从图中还可以发现,酒花原料含水率为 12.70%时,酒花浸膏的得率明显低于其他含水率时酒花浸膏的得率。实验过程中还发现,当原料含水率低于 8.00%时,仅凭肉眼已观察不到萃取物中水分的存在;从图中也发现,含水率低于 8.00%的三条得率曲线紧靠在一起,这表明低于 8.00%的原料含水率对酒花浸膏的得率已几乎不存在影响。

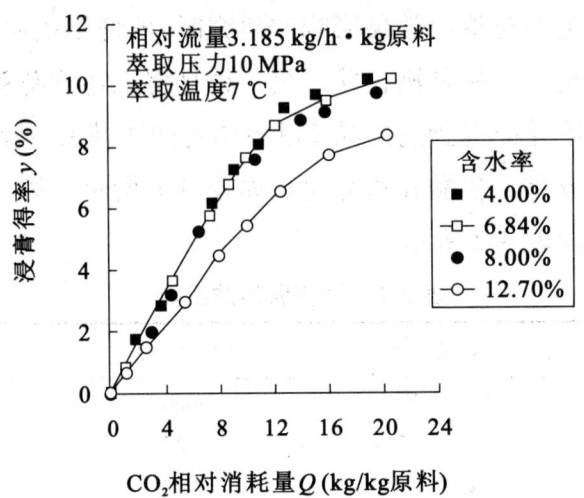

图 3-3 原料含水率对浸膏得率的影响

对各条萃取曲线前半部分（近似保持为直线）的数据点进行线性回归，从而得到在不同原料含水率下，酒花浸膏在液态 CO_2 中的浓度，各数值如表 3-3 所示。

表 3-3 原料含水率对 CO_2 中酒花浸膏浓度的影响

原料含水率（%）	CO_2 中酒花浸膏浓度（g/kg）	线性相关性 r^2
4.00	7.973	0.998 2
6.84	7.849	0.999 6
8.00	7.600	0.986 5
12.70	5.412	0.998 9

对原料作烘干处理过程中发现，含水率烘干至 4.00%时的酒花，其清香味已明显不及其他含水率（均未作烘干处理）下的酒花，因此酒花原料不必追求过低的含水率，研究发现酒花原料含水率只要不高于 8.00%即可。

3.3.3.2 原料类型对酒花浸膏得率的影响

三种不同类型的酒花原料对酒花浸膏得率的影响如图 3-4 所示。

从图中可以看出，采用酒花粉原料时浸膏得率较大，萃取效果较好。至于粉碎酒花原料，虽然因酒花原料粒度减小而增大了传质面积，但由于原料的堆积密度变大、通透性变差，极易出现 CO_2 "短路"现象，使萃取出现显著不均匀，因而浸膏得率曲线位于其他两条得率曲线的下方。对应于颗粒酒花原料的浸膏得率曲线，在萃取过程的前期（浸膏得率约达 5% 前），与对应于酒花粉原料的得率曲线非常靠近，而在萃取过程的后期（浸膏得率达到 5% 后），则明显位于酒花粉原料得率曲线的下方。分析认为，由于在萃取过程的前期，液态 CO_2 主要是对颗粒酒花的表层进行萃取操作，此时固态萃余物层很薄，CO_2 在其中的有效扩散系数 D 对传质的影响程度较小（参阅本书第二章 2.3.2 小节），因而传质推动力较大，传质速率较高；而在萃取过程的后期，固态萃余物层逐渐变厚，由于颗粒酒花本身密度较大，CO_2 扩散至萃取界面必须克服较大的传质阻力，CO_2 在固态萃余物层内的有效扩散系数 D 对萃取过程的影响发挥了较大的作用，同时 CO_2 与萃取物所形成的溶剂化缔合物分子从颗粒内部扩散至液态 CO_2 主体中也必须克服相

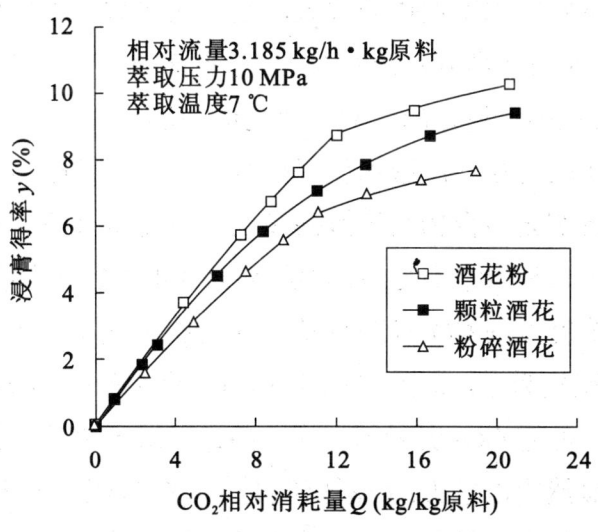

图 3-4 原料类型对浸膏得率的影响

对较大的传质阻力，总传质推动力变小，因而传质速率逐渐降低。

对图 3-4 中各条萃取曲线前半部分（近似保持为直线）的数据点进行线性回归，从而得到在采用不同类型的酒花原料时酒花浸膏在液态 CO_2 中的浓度，各数值如表 3-4 所示。

表 3-4　原料类型对 CO_2 中酒花浸膏浓度的影响

原料类型	CO_2 中酒花浸膏浓度（g/kg CO_2）	线性相关性 γ^2
酒花粉	7.849	0.999 6
颗粒酒花	7.417	0.999 5
粉碎酒花	6.121	0.998 4

由于酒花粉原料使用不方便，易损失，加上因比重小导致批处理量少，故对酒花浸膏得率要求不太高时，采用颗粒酒花原料较为适宜。

3.4　液态 CO_2 相对流量对萃取效果的影响

3.4.1　试验目的

从实验室研究到工业化的放大，在工艺参数上主要就是流量的放大，因此对溶剂（CO_2）流量的研究非常重要。根据本书第二章 2.1 节萃取机理的分析，CO_2 对萃取物的溶解过程实际上就是 CO_2 与溶剂化缔合物两者相互渗透和相互扩散的过程。扩散的速率与体系状态、CO_2 及溶剂化缔合物在扩散路径上的浓度差有关。在一定操作条件下，体系状态是固定不变的，因此显著影响 CO_2 及溶剂化缔合物在扩散路径上浓度差的 CO_2 流量就成为决定扩散速率大小的主要因素。

当 CO_2 流量为零，即静态萃取时，达到溶解（萃取/缔合）平衡后浓度差为零；随着 CO_2 流量的提高，CO_2 及溶剂化缔合物在扩散路径上的浓度差显然得以增大；极限情况是，当 CO_2 流量为无穷大时，CO_2 及溶剂化缔合物在扩散路径上的浓度差达最大值。浓度差越大当然越利于萃取，但实际操作中不可能采用无穷大的 CO_2 流量，而且 CO_2

流量越大萃取操作过程的能耗就越大。到底采用多大的流量较为合适，这正是本节研究的目的。

3.4.2 试验装置

本研究所用试验装置如图 3-1 所示，选用液态 CO_2 萃取操作流程，对萃取物实行带压分离，对 CO_2 实现循环使用。

3.4.3 试验条件

本项研究所采取的操作工艺参数如下：萃取压力 10 MPa，萃取温度 7 ℃，分离压力 4 MPa，分离温度 40 ℃。

所用原料为甘肃产颗粒酒花，其 α-酸和 β-酸含量分别为 6.1%和 4.3%，含水率为 6.8%。

3.4.4 结果分析与讨论

3.4.4.1 CO_2 流量对浸膏得率及萃取时间的影响

液态 CO_2 相对流量（相对每千克酒花原料）的大小对萃取效果的影响如图 3-5 所示。图中横坐标 "CO_2 相对消耗量 Q" 定义为 "相对每千克酒花原料的 CO_2 消耗量"。从图中可以看出，大流量萃取得率曲线在小流量萃取得率曲线的下方，这说明采取小流量萃取时，液态 CO_2 中酒花浸膏的浓度比采取大流量萃取时大。在达到相同的浸膏得率的前提下，采取大流量萃取时 CO_2 的消耗量必然大于采取小流量萃取时 CO_2 的消耗量。进一步分析和计算可以发现，在达到相同的浸膏得率的前提下，采取大流量萃取所需的萃取时间比采取小流量萃取所需的萃取时间短。

图 3-6 所示为浸膏得率分别达 6%和 8%时，所需萃取时间与 CO_2 相对流量之间的关系。图 3-7 所示为在不同的 CO_2 相对流量下浸膏得率与萃取时间之间的关系。分析认为，流量大时 CO_2 能将从固态萃余

物层中扩散出来的溶剂化缔合物 F（即 AB_n）及时地带走，使流体滞流膜层外表面及 CO_2 主体中溶剂化缔合物 F 的浓度（C_{Fg}）降低，从而提高了传质（扩散）路径上的浓度差，增大了传质推动力，最终提高了传质速率，使萃取时间缩短。由于大流量时的 C_{Fg} 值比小流量时的 C_{Fg} 值小，宏观上的表现即为大流量时 CO_2 中酒花浸膏的浓度比小流量时 CO_2 中酒花浸膏的浓度小，因此 CO_2 流量增大，CO_2 的消耗量也必然增大。

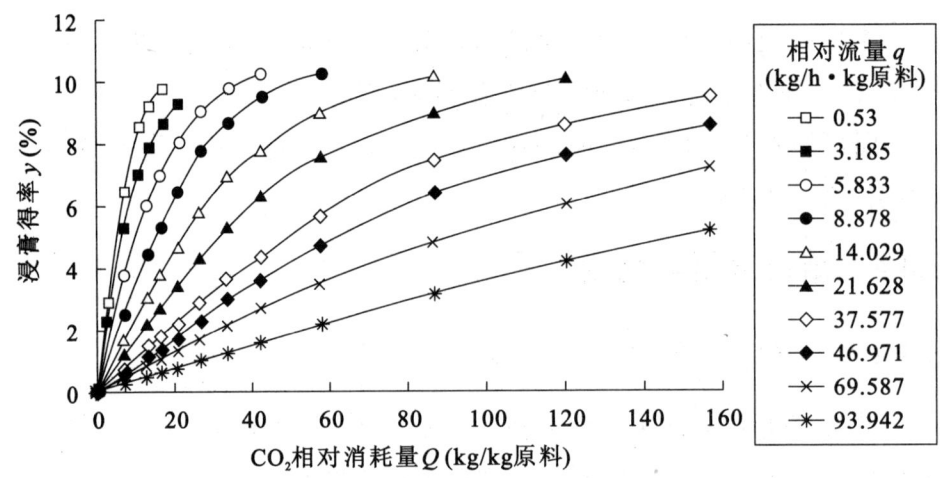

图 3-5　CO_2 相对流量对浸膏得率的影响

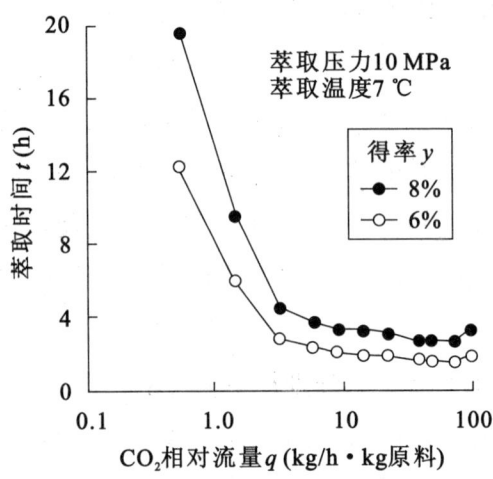

图 3-6　萃取时间与 CO_2 相对流量的关系

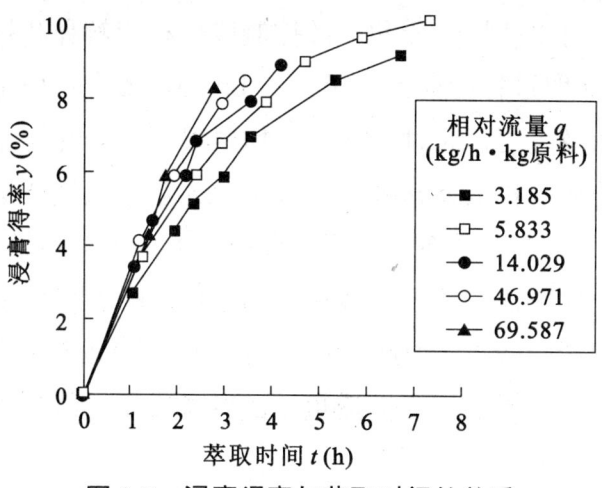

图 3-7　浸膏得率与萃取时间的关系

3.4.4.2　流量存在最佳值

从图 3-5、图 3-6 和图 3-7 中可以发现，在达到相同浸膏得率的前提下，若采取较小的 CO_2 相对流量进行萃取，尽管 CO_2 的消耗量较少，但萃取所需的时间较长，生产效率低；若采取过大的 CO_2 相对流量进行萃取，尽管萃取所需的时间较短，但 CO_2 的消耗量较大，势必需要消耗较大的功率，经济上也未必合算；况且，采取过大的 CO_2 相对流量进行萃取不利于萃取物的分离和沉降。从图 3-6 中还可发现，当流量增大到一定值时，在达到相同的浸膏得率的前提下，萃取时间随 CO_2 流量的增大不再明显下降。初步分析认为，流量增大到一定值时，传质路径上的浓度差已经很大，而且与最大浓度差相差甚小，因而传质速率随 CO_2 流量的增大不再有明显变化。所以在选择流量时应存在一个较佳的流量范围。

3.4.4.3　有关现象解释

从图 3-5 中可以看出，无论是大流量萃取还是小流量萃取，萃取过程都可分为三个阶段：平衡控制段（对应于萃取曲线中近似为直线的起始部分）、转换段和扩散控制段。下面结合本书第二章缔合萃取机理及萃取模型对平衡控制段和扩散控制段作相应解释和描述。

（1）在萃取过程的前期（平衡控制段），缔合作用主要发生在酒花颗粒的表面及表层，此时固态萃余物层很薄，也就是说 CO_2 及溶剂化缔合物的传质（扩散）路径较短，因此宏观萃取速率主要受缔合速率控制。当流量恒定不变时，酒花浸膏在 CO_2 中的浓度几乎保持不变，所以处于平衡控制段的萃取曲线近似为直线。由于缔合速率受 CO_2 流量数值大小的影响较小，因此宏观萃取速率受 CO_2 流量大小的影响也较小，这也正是图 3-7 中不同流量下的各条得率曲线在萃取前期接近重合的原因。

（2）在萃取过程的后期（扩散控制段），由于固态萃余物层变厚，传质路径变长，CO_2 及溶剂化缔合物的传质（扩散）阻力加大，所以宏观萃取速率主要受传质（扩散）速率控制。此时，CO_2 流量的大小对萃取过程具有重要影响，流量越大，于是 C_{Fg} 越小，C_{Bg} 越大（参阅图 2-1），因而传质路径上的浓度差也越大，传质推动力越大，导致传质速率越快，宏观萃取速率也越快。从式（2-17）和式（2-18）中也可发现，当其他条件相同时，C_{Bg} 增大的结果必然导致萃取时间 t 减小，也即宏观萃取速率提高。

从图 3-6 中可以看出，在得率相同的情形下随着流量的增大，萃取时间呈下降趋势。在 CO_2 相对流量约等于 3 kg/h·kg 原料时，曲线出现了明显的转折；在 CO_2 相对流量约增大至 70 kg/h·kg 原料时，萃取时间有上升迹象。下面将对这两个现象作出解释。

（3）当 CO_2 相对流量约低于 3 kg/h·kg 原料时，由于 CO_2 中酒花浸膏的浓度相对较大，因而传质路径上的浓度差较小，传质推动力较小，故宏观萃取速率主要受扩散速率控制。此时，随着流量的增大，浓度差明显提高（图 2-1 中的 C_{Fg} 减小，C_{Bg} 增大），因而显著提高了传质推动力，从而使萃取时间急剧降低。当 CO_2 相对流量约大于 3 kg/h·kg 原料时，由于传质路径上的浓度差已相对较大，传质推动力也相对较大，故宏观萃取速率主要受缔合速率控制。缔合速率受浓度差的影响较小，故此时增大流量，宏观萃取速率不会明显提高，萃取时间的下降趋势逐渐变缓。因此，可以认为 CO_2 相对流量为 3 kg/h·kg 原料是宏观萃取速率由受扩散速率控制向受缔合速率控制过渡的转折点。

（4）当 CO_2 相对流量约大于 70 kg/h·kg 原料时，图 3-6 中的萃取时间曲线出现上升的势头。这是由于流量过大，导致分离器中 CO_2 流速过快（或逗留时间太短），从而使得 CO_2 中的萃取物分离不彻底，表现为浸膏得率降低。这一解释在实验过程中可得到证实，在 CO_2 循环回路中打开放空阀发现，循环 CO_2 中夹带有少量未分离彻底的萃取物。

根据以上的研究结果和分析，笔者认为，在本研究所使用的萃取系统上进行酒花浸膏的液态 CO_2 萃取时，选择 3~20 kg/h·kg 原料的 CO_2 相对流量较为合适。实际生产中具体选用多大的数值除参考上述结论外，还需考虑其他一些因素，因为这与酒花原料的价格、对浸膏得率的高低要求以及生产装备的功率消耗（与 CO_2 流量的大小密切相关）等经济指标有密切关系（参阅本书第五章）。

3.5 酒花浸膏的啤酒发酵试验

3.5.1 试验目的

已有很多的文献和实验研究报道，采用液态 CO_2 酒花浸膏可以酿造出高质量的啤酒，能够提高啤酒的非生物稳定性，延长啤酒保存期，赋予啤酒高度纯正的苦味和香味，明显改善啤酒的泡沫性能和苦味的柔和性，主要原因在于三点。

（1）能够精确地控制使用量，使啤酒达到预期的苦味值和香味值；

(2) 可以准确控制煮沸时间,使啤酒不至于产生异常的苦味;

(3) 酒花浸膏易于保存(密封在容器中在 20 ℃下可以长期保存),其中的有效成分不易氧化、变质或分解,间接地保证了啤酒的质量。

随着啤酒工业的发展,国内外使用酒花浸膏的啤酒企业越来越多。捷克的啤酒工业历史悠久,技术较先进,闻名于世的捷克比尔森瓶装啤酒,有1/3的产量行销至90多个国家,其中德国是最大的主顾。该国生产的 Bx 啤酒按生产工艺的规定必须使用颗粒酒花70%,酒花浸膏30%;10°Bx 浅色啤酒按生产工艺的规定必须使用颗粒酒花30%,酒花浸膏70%。

为使自行开发研制的液态 CO_2 酒花浸膏能替代相应的进口产品,满足啤酒生产企业的需求,本研究将采用液态 CO_2 萃取技术制备得到的酒花浸膏应用于啤酒酿造试验,并将试验结果与将进口酒花浸膏应用于啤酒酿造试验的结果进行比较,以检验自制酒花浸膏的品质,确立在啤酒酿造中以自制酒花浸膏替代进口酒花浸膏的可行性。

3.5.2 试验方法

分别以颗粒酒花、自制 CO_2 酒花浸膏、进口 CO_2 酒花浸膏添加到煮沸的麦汁中进行实验室规模的啤酒发酵试验。

首先根据麦汁应控制的苦味值以及酒花和酒花浸膏中 α-酸的含量,计算出酒花或酒花浸膏的添加量,再分别分三批添加:第一批添加是在麦汁初沸时,加入全量的10%;第二批添加是在煮沸的中途,添加全量的75%;第三批添加是在煮沸终了前 10 min,加入全量的15%。

分批添加酒花对提高酒花利用率来说,并不合理,但从苦味、香味兼顾的角度考虑是必要的,因此,在进行发酵试验时采用了这种酒花添加方法;与实际啤酒生产过程相比,实验室规模小试中麦汁的煮沸强度相对较大，故能提高颗粒酒花的酒花利用率，因此相对缩小了采用颗粒酒花和采用酒花浸膏时两者的酒花利用率的差距；由于 CO_2 酒花浸膏中不含或仅含少量多酚物质，不能很好地凝固蛋白质，故在麦汁煮沸时，一般不宜 100%使用，而是和其他酒花制品配合使用，在进行啤酒发酵试验时，为了增强可比性，仍采用了以 100%酒花浸膏取代颗粒酒花的方式。

3.5.3 结果分析与讨论

啤酒发酵试验结果如表 3-5 所示。从发酵试验结果可以看出，在实验室规模的小试中，以自制 CO_2 酒花浸膏代替颗粒酒花添加在煮沸的麦汁中所得到的啤酒，与采用进口 CO_2 酒花浸膏代替颗粒酒花所得到的啤酒相比，没有明显的差别，完全可以替代进口产品用于啤酒的生产。

表 3-5　啤酒发酵试验结果

指　标	采用颗粒酒花	采用自制酒花浸膏	采用进口酒花浸膏
α-酸（%）	6.10	44.22	55.98
β-酸（%）	4.30	33.33	16.71
添加量（%）	0.08	0.011	0.008 7
麦汁苦味值（Bu）	19.10	20.84	19.57
麦汁色度（EBC）	6.8	6.5	6.8
啤酒色度（EBC）	5.3	5.2	5.7
啤酒双乙酰（mg/L）	0.256	0.232	0.148
外观发酵度（%）	70.2	70.5	71.0
啤酒品尝结果	正常	正常	正常

从表 3-5 中可以看出，在保证 α-酸添加量相同的情况下，三种发酵产品的麦汁苦味值有一定差异，这表明酒花利用率不尽相同。与采用颗粒酒花时的酒花利用率相比，采用自制 CO_2 酒花浸膏时酒花利用率提高了 9.1%，采用进口 CO_2 酒花浸膏时酒花利用率提高了 2.5%（酒

花利用率提高不大的主要原因参阅本书第四章）。值得一提的是，同样是采用颗粒酒花添加在煮沸的麦汁中，由于煮沸方式和煮沸强度的差异，实验室规模小试中的酒花利用率比实际啤酒生产中的酒花利用率高。

目前，我国开始使用CO_2酒花浸膏的啤酒厂家已为数不少，所用酒花浸膏主要由国外进口，价格昂贵。厂家的使用结果表明，以CO_2酒花浸膏部分取代传统酒花制品所酿制的成品啤酒色泽金黄、透明清亮，泡沫洁白、细腻、持久，挂杯性好，略带酒花香气，苦味适中、爽口、柔和，略有甜味。

3.6　本章小结

本章围绕液态CO_2酒花浸膏的国产化开发进行了相关研究，获得如下主要结论。

（1）研究了超临界CO_2和液态CO_2萃取酒花浸膏时的溶解度变化规律；

（2）找到了适于液态CO_2萃取酒花浸膏的较佳的原料状态；

（3）得到了液态CO_2相对流量的大小对酒花浸膏得率的影响规律，找到了适于工业化生产的较佳的液态CO_2相对流量的大小范围；

（4）研究并确认了在啤酒酿造中以自制酒花浸膏替代进口酒花浸膏的可行性。

第四章 液态 CO_2 分馏啤酒花有效成分试验

4.1 引言

酒花的化学成分非常复杂,在啤酒酿造中起作用的成分主要是酒花树脂、酒花油和多酚物质。酒花树脂成分中已定性部分包括 α-酸和 β-酸,它们在啤酒酿造中的作用不尽相同。α-酸在麦汁中的溶解度极低,而且这种溶解实际上是像脂肪一样分散于麦汁之中的。将酒花原料添加于沸腾状态的麦汁中,不仅能够加强酒花的分散和酒花有效成分的浸出,而且会促使 α-酸发生异构化,生成具有极强烈苦味且易溶于麦汁和啤酒的异-α-酸,啤酒的苦味主要来自异-α-酸。α-酸的氧化物不具有苦味,但具有使泡沫稳定的性质。β-酸的溶解度也很小,故其本身也不能影响啤酒的苦味度。在麦汁煮沸过程中,β-酸不发生异构化作用,大部分被氧化形成具有细致而强烈苦味的 β-酸氧化物(hulupone),其苦味约相当于异-α-酸的 1/3~1/2。

当酒花与麦汁共沸时,α-酸的异构化作用虽然不断进行,但麦汁中异-α-酸的数量(用苦味值表示)开始时随着煮沸过程的进行而增加,但随后便增加得越来越慢,甚至开始减少。这是由于当酒花在麦汁中共沸时间过长时,有一部分异-α-酸会进一步转化为无苦味的葎草酸(humulinic acid)、葎草灵酸、衍生异-α-酸或其他苦味不正常的衍生物的缘故。传统酒花制品(如全酒花、酒花粉或颗粒酒花等)的酒花利用率之所以低也正是这个原因。如果直接将本书第三章中介绍的采用液态 CO_2 萃取技术制备得到的酒花浸膏添加于热麦汁中，则不可避免会出现同样的问题，本书第三章论述进行实验室规模的啤酒酿造试验也表明，液态 CO_2 酒花浸膏的酒花利用率与颗粒酒花相比，提高不足 10%。研究资料表明，将酒花（原料或浸膏）中的 α-酸抽提出来后，预先进行异构化处理，再应用于啤酒酿造，可以使酒花利用率提高至 90%左右；资料还表明，如果未考虑将 α-酸进行纯化处理以除去在典型的异构化条件下能产生无用化合物的成分，则通常不适于异构化。因此，为了得到高浓度的 α-酸制品，在生产异构酒花浸膏之前，首先必须将其中所含的 β-酸、硬树脂及其他杂质尽可能多地去除。

α-酸的纯化工艺往往要使用有机溶剂，这就破坏了超临界（液态）CO_2 萃取的主要优势（无有机溶剂残留）。为了能够不采用有机溶剂对 α-酸进行纯化处理，显著提高液态 CO_2 酒花浸膏的酒花利用率，有效提高和改善啤酒的品质，开发生产液态 CO_2 酒花浸膏深层系列产品，如异构酒花浸膏、α-酸氧化物、Hulupones 酒花浸膏等，本章将紧紧围绕酒花浸膏的分馏纯化这一主题，考察萃取历程对酒花浸膏组成的影响，进行采用多级分离工艺分馏酒花有效成分的萃取试验，通过薄层色谱分离试验确立进一步分馏酒花浸膏有效成分的可行性结论，采用液态 CO_2 作为流动相对酒花浸膏有效成分进行了液态 CO_2 色谱分离的探索性试验研究。

4.2 液态 CO_2 萃取历程对酒花浸膏组成的影响

本书第三章介绍了进行液态 CO_2 萃取酒花浸膏的工艺试验研究，在试验过程中发现，首先收集到的萃取物是流动性较好的具有较浓的酒花香味的浅黄色液状物，稍后是酒花味稍淡的黄色糊状物，最后是草绿色膏状物。这表明，在液态 CO_2 萃取过程中，酒花浸膏的组成随萃取历程而发生变化，本节将通过进一步的试验对这一现象作出研究和描述。

4.2.1 试验装置、材料和方法

试验装置：2 L 液态 CO_2 萃取试验装置（图 3-1 所示），江苏省南通市华安超临界萃取有限公司协助制造；

分析仪器：751-GW 分光光度计，上海分析仪器厂制造；

试验材料：颗粒酒花，甘肃产；CO_2，购自镇江氧气厂；

试验方法：对颗粒酒花进行液态 CO_2 萃取。将一定量的颗粒酒花原料装入萃取器；启动制冷系统，待系统温度达到预定值后，启动膜片式压缩机对系统升压，待温度和压力条件均达到预定条件后，打开系统中相应节流阀和截止阀(采用常压分离流程)，调节流量至预定值，进行萃取操作；每隔一定时间，对常压下采集到的萃取物称量，同时记录 CO_2 累积消耗量。

样品分析：对不同时间段下采集到的萃取物进行组分含量的测定，主要测定萃取物中 α-酸和 β-酸的含量，测定方法为分光光度法，详见附录。

4.4.2 结果分析与讨论

在 7 ℃和 10 MPa 的萃取条件下，萃取率随时间的变化情况如图 4-1 所示。图中实线表示累计萃取率曲线（3 阶多项式回归曲线，相关系数的平方 $\gamma^2=0.9997$），虚线表示萃取率随时间的变化率曲线（3 阶多项式回归曲线，相关系数的平方 $\gamma^2=0.9745$）。这里的萃取率系指实际萃取得到的酒花浸膏的累积量与酒花浸膏的极限萃取量的比值，在数值上等于酒花浸膏得率与极限得率的比值。萃取率的变化率曲线可理解为宏观萃取速率曲线，从图中可以看出，在萃取过程的前期，宏观萃取速率具有近似恒定的数值，因此萃取曲线的起始段（平衡控制段）具有近似线性的特征。

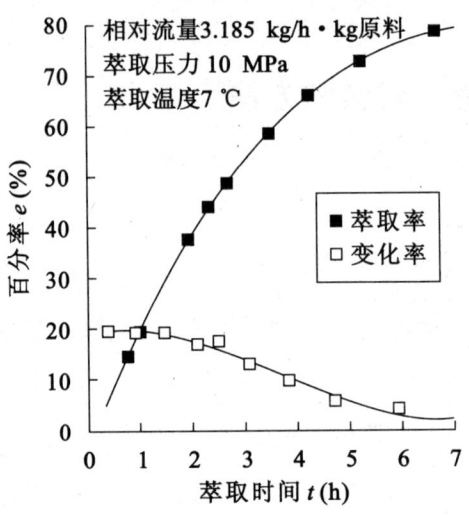

图 4-1　酒花浸膏的萃取率及其变化率

对不同时间段收集到的酒花浸膏进行组分含量的测定，测定结果如图 4-2 所示。从图中 α-酸和 β-酸两组分的含量随时间的变化曲线可以看出，在萃取过程前期收集到的馏分中，α-酸和 β-酸的含量均较高，约为 40% 左右；萃取过程约进行 1.5 h 时，β-酸组分含量开始出现下降趋势，而 α-酸组分的含量则呈现上升趋势；萃取约进行 3 h 时，α-酸组分的含量高达 50% 左右，随后则开始下降，而此时 β-酸组分的含量下降至 20% 左右；随着萃取过程的继续进行，萃取物中 α-酸和 β-酸的含量继续下降，当酒花浸膏的萃取率达 80% 左右时，α-酸含量降至 30% 左右，β-酸含量降至 20% 以下。

在收集到的所有馏分中，α-酸含量最高时达 51.72%，而该馏分中 β-酸含量为 23.7%；β-酸含量最高时达 42.11%，而该馏分中 α-酸含量也高达 40.57%。

在萃取过程的前期，萃取速率较大，但 α-酸和 β-酸在萃取馏分中的含量几乎是相等的，且均较高；在萃取过程的中期和后期，尽管萃取馏分中 α-酸和 β-酸的含量存在差异，但差异并非很大，而且此时的萃取速率已有所下降，萃取物产量逐渐降低。因此，可以断言，采用液态CO_2萃取酒花浸膏,试图通过分时采样获得富含α-酸或β-酸的萃取物是不现实的。但从两条曲线的形状上可以判断,采用液态CO_2萃取酒花浸膏时,在萃取过程中α-酸和β-酸两组分确实存在被先后萃取出来的迹象和趋势。

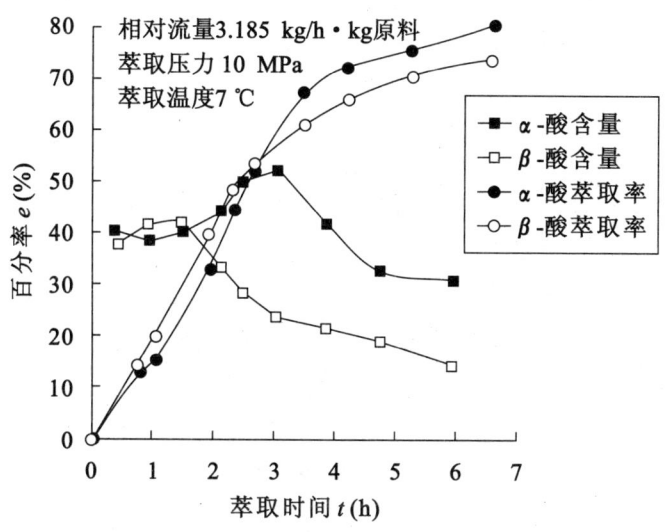

图4-2 组分含量及其萃取率与时间的关系

4.3 采用二级分离工艺分馏酒花有效成分试验

为了摸索液态CO_2萃取酒花浸膏的最佳条件,Mcrae(1980)设计了一套专用装置用于测定α-酸和β-酸在不同温度下的饱和液态CO_2中的溶解度,测定结果如图4-3所示。从图中可以看出,7℃时,α-酸在液态CO_2中的溶解度具有最大值,为0.81%;而β-酸在液态CO_2中的最大溶解度出现在20℃时,约为0.13%。因此,他建议最佳萃取温度范围为5~10℃,在这样的温度范围内萃取,因避开了β-酸溶解度的高峰,可望使萃取物中β-酸含量不致太高。他的这一推断并没能得到前人的实验证实,本章4.2节的实验结果也与他的推断相去甚远。这也从一个侧面说明,仅测定纯品的溶解度对多组分萃取物(如各种生物资源有效成分）的实际萃取工作并没有太大的指导意义。为此，本节将讲述通过二级分离工艺分馏酒花中的有效成分。

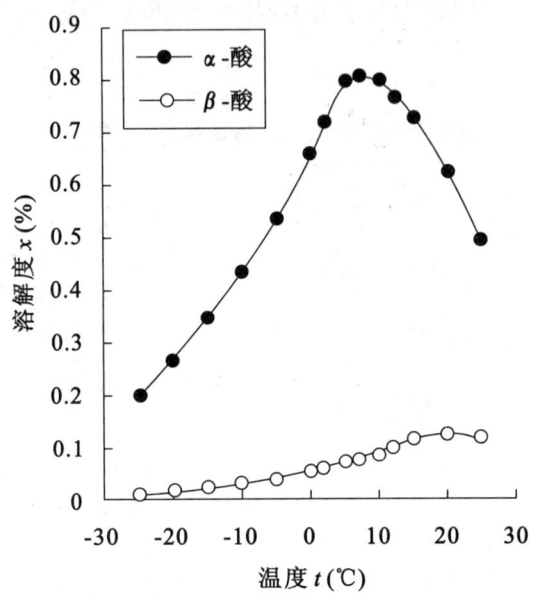

图 4-3 α-酸及 β-酸在液态 CO_2 中的溶解度

4.3.1 试验装置、材料和方法

试验装置、试验材料、试验方法及分析仪器和分析方法均与本节 4.2.1 小节相同，只是在具体选择液态 CO_2 萃取操作流程（图 3-1）时，需将分离器和常压分离装置串联在流程中使用，以便同时实现带压和常压两级分离。

4.3.2 结果分析与讨论

萃取条件为 7 ℃ 和 10 MPa，第一级分离条件为 20 ℃ 和 7.5 MPa，第二级分离条件为常温常压，CO_2 相对流量为 6.652 kg / h·kg 原料，萃取时间为 6 h。实验结果如表 4-1 所示。从表中可以看出采用二级分离工艺对分馏酒花有效成分有一定的效果，但效果不明显，而且第一级分离器中萃取物的得率较低。分析认为，由于第一级分离器中的 CO_2

仍处于液态，酒花浸膏在该状态 CO_2 中的溶解度并不比其在萃取条件下 CO_2 中的溶解度低多少（参阅本书第三章 3.2 节），即使有萃取物从 CO_2 中解析出来（以微小颗粒分散在 CO_2 中），在流动的 CO_2 中也不便沉降和分离，因此导致第一级分离器中萃取物得率偏低。

表 4-1 液态 CO_2 萃取酒花浸膏二级分离试验结果

萃取物	第一级分离器 （20 ℃、7.5 MPa）	第二级分离器 （常温、常压）
得率（%）	1.38	8.86
α-酸（%）	38.77	48.99
β-酸（%）	40.13	27.60

为了提高第一级分离器中萃取物的得率，必须降低酒花浸膏在第一级分离器内 CO_2 中的溶解度。从图 3-2 可以看出，当温度为 20 ℃时，酒花浸膏在液态 CO_2 中的溶解度对压力条件并不敏感，为此将第一级分离条件调整至 30 ℃和 7.5 Mpa（即提高第一级分离温度，此时 CO_2 仍为液态），在其他条件相同时再次进行二级分离，实验结果表明，第一级分离器中萃取物的得率上升至 2.04%，第二级分离器中萃取物的得率降至 8.33%，两萃取物中 α-酸和 β-酸的含量与表 4-1 相比并没有明显差异。

如欲进一步降低酒花浸膏在第一级分离器内 CO_2 中的溶解度，就只能将 CO_2 由液态调整至气态（如 30 ℃，5 MPa）。实验结果表明，此时酒花浸膏主要收集在第一级分离器中（得率为 9.88%），萃取物中 α-酸和 β-酸的含量分别为 49.75%和 30.17%；第二级分离器中几乎未收集到萃取物。观察发现，有少量易挥发组分（如酒花油等）随 CO_2 一起放空损失。

综上所述，液态 CO_2 萃取酒花浸膏时，采用二级分离工艺分馏酒花有效成分并不能达到理想的实验效果。

4.4 酒花浸膏有效成分的薄层色谱分离

目前，酒花树脂的常用测定方法有两种，一种为魏尔麦改良法，一种为分光光度法。

魏尔麦改良法的测定过程非常繁琐，其原理为：用乙醚萃取样品中的酒花树脂后，继续用甲醇萃取，制成原液；然后用重量法测定原液中总树脂含量；再以己烷萃取甲醇原液，溶解于己烷部分为总软树脂；以重量法测定总软树脂含量；不溶于己烷部分为硬树脂；将己烷萃取液与铅盐反应，沉淀部分为α-酸。实际上，在沉淀中还包含其他一些苦味成分，α-酸仅是其中的主要成分，因此在测定方法（用电导仪测定）中明确指明测得的为"铅电导值（LCV）"，不沉淀部分为β-物质。

分光光度法又称仲裁法，是美国 ASBC（American Society of Brewing Chemists）分析方法，仅能测定样品中 α-酸和 β-酸的含量，其测定原理为（详细测定方法参阅本书附录）：用碱性有机溶剂萃取样品，然后在紫外光区 275 nm、325 nm 和 355 nm 处测其吸光度，根据 α-酸、β-酸在该三个波长处的吸光度值，用联立方程式解出样品中 α-酸和 β-酸的含量。

为能对酒花浸膏中的有效成分进行快速的定性鉴别和粗略的定量测定，本节采用薄层色谱法对其进行色谱分离探索试验。薄层色谱法自 20 世纪 50 年代由 Stahl 提出以来，在许多领域已得到广泛应用，从而成为一种常用的分离分析方法。通过摸索，成功地实现了酒花浸膏有效成分的薄层色谱分离，从而为开发制备型色谱技术分离酒花有效成分提供了可靠的实验依据。

4.4.1 制板

制板又称薄层制备，即把作为薄层色谱固定相使用的吸附剂涂铺在玻璃板上使其成厚度一致的薄层，这是进行薄层色谱分离分析的重要一步。薄层色谱法常用的吸附剂有硅胶和氧化铝，由于酒花树脂中的 α-酸和 β-酸具有烯醇基，呈微酸性，因此吸附剂不宜选用氧化铝，而适宜选用硅胶。这是因为，氧化铝是用明矾和氢氧化钠或碳酸钠制成的，通常残留一些碱性物质而略带碱性，故适用于碱性和中性物质的分离；而酸性物质能与其作用，在展开时易吸附于原点不动，或得出拖尾的斑点从而得不到好的分离效果，而硅胶略带酸性，适用于酸性和中性物质的分离。

制板步骤如下：采用薄层色谱用硅胶 G（含有 12%～14%的硫酸钙），硅胶的粒度范围为 200～260 目，采用倾倒法进行湿法铺层，待薄层阴干后用甲醇盐酸混合液（10%盐酸+90%甲醇，V/V）喷洗数次，并于 100 ℃下活化 2～3 h，置干燥器内备用。

4.4.2 样品溶液制备及点样

称取 400 mg 酒花浸膏置于一支 60 mL 带磨口的试管中，加入 20 mL 水、25 mL 乙醚及 1.0 mL（0.4 mol/L）硫酸，加塞后用手摇动约 1 min，静置数分钟后分成两相，吸取 20 μL 有机相样品溶液滴加到已制备好的硅胶板上。

4.4.3 展开及显色

选择乙醚/苯（16∶1）混合溶剂作为展开剂，对上述薄层进行单向一次上行展开，待其阴干后喷洒适量的显色剂，显色剂选用氯化铁甲醇试液（10%）。

4.4.4 薄层色谱图

将本书第三章中用于啤酒发酵试验的自制酒花浸膏样品（α-酸含量 44.22%，β-酸含量 33.33%）和进口酒花浸膏样品（α-酸含量 55.98%，β-酸含量 16.71%）按上述方法进行薄层色谱分离，所得色谱图如图 4-4

所示。从图上发现，自制酒花浸膏样品和进口酒花浸膏样品经薄层色谱分离后得到的主要斑点均为两个，各自的比移值 R_f 和显色情况分别标示于图中。

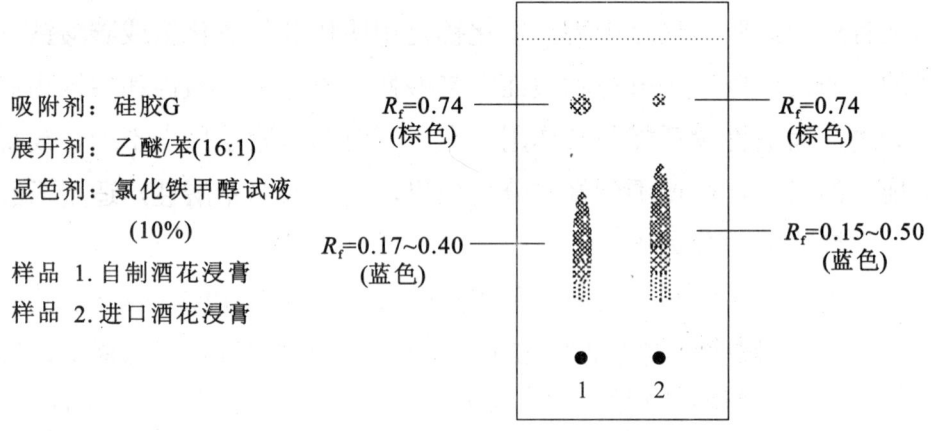

吸附剂：硅胶G
展开剂：乙醚/苯(16:1)
显色剂：氯化铁甲醇试液
　　　　(10%)
样品 1.自制酒花浸膏
样品 2.进口酒花浸膏

图 4-4　酒花浸膏的薄层色谱图

据文献报道，在与上述薄层色谱条件相近的情况下，α-酸的比移值为 0.37，显色为蓝色，β-酸的比移值为 0.71，显色为紫色至棕色。由此可以推断，在上述薄层色谱谱图中 R_f 值为 0.74（样品 1 和样品 2）处的棕色斑点为 β-酸，R_f 值为 0.17~0.40（样品 1）及 R_f 值为 0.15~0.50（样品 2）处的蓝色斑点为 α-酸。观察各斑点的大小及颜色深浅，与样品中 α-酸和 β-酸的含量（采用分光光度法测定）高低基本一致。

4.5　液态 CO_2 柱色谱分离酒花浸膏有效成分试验

由于酒花浸膏中的 α-酸和 β-酸结构比较接近，制备纯度较高的酒花制品时，又不能破坏它们的天然分子结构，这就给分离纯化工作带来了较大的难度。

本章 4.4 节通过对酒花浸膏的薄层色谱分离试验表明，采用色谱分离技术可以对酒花浸膏中的 α-酸和 β-酸等苦味成分进行分离纯化。尽管其制备量每次仅为毫克级，但却提供了非常有用的信息，即采用色谱分离技术对酒花浸膏中的有效成分进行分离与制备具有工业生产的可能性。为了能够制备纯度较高的 α-酸和 β-酸等苦味成分的酒花制品，发展酒花浸膏的工业化制备色谱技术，本研究特建立一套柱色谱系统，采用液态 CO_2 作为流动相，通过选择合适的固定相对酒花浸膏进行柱色谱分离试验研究。

4.5.1 高效液相色谱技术

高效液相色谱又称高压液相色谱或高速液相色谱，是 20 世纪 60 年代末、70 年代初发展起来的一项新颖快速的分离分析技术，目前已得到广泛应用。该技术是一种流动相为液体的色谱技术，是在经典的柱色谱（即经典的液相色谱）的基础上引入气相色谱的理论而改进和发展起来的。

经典的液相色谱传质速率慢，谱带区域扩展严重，因而分离时间长，效率低。20 世纪 60 年代中期许多色谱工作者运用气相色谱的基本原理对液相色谱的机理进行了深入的研究，提出了采用小颗粒高效固定相，同时使用高压泵组成的高压系统，这种高压系统强化了两相的传质过程，可获得高效分离。高效液相色谱吸取了经典液相色谱和气相色谱两种方法的优点，综合起来主要有以下特点。

（1）高压　高压是高效液相色谱的一个显明特点。液相色谱以液体作为流动相（称为载液），液体流经色谱柱时，受到的阻力较大，高压能使流动相迅速地通过色谱柱。

（2）高效　气相色谱的分离效能很高，高效液相色谱由于应用了各种高效能的固定相，使其柱效更高，一般可达约 60 000 理论塔板数/m，一根柱子有时可以分离 100 种以上组分。

（3）高速　由于固定相的颗粒直径很小，要使流动相以一定的流速流过色谱法，仅靠经典液相色谱中利用流动相的高液位到低液位的重力作用把样品从色谱柱冲洗下来的办法已不能适用，对供液系统通过高压泵加压的同时也使得分离达到了高速。

(4)高灵敏度　目前，高效液相色谱已广泛采用先进的高灵敏度检测器，从而进一步提高了分析的灵敏度，最小检测量可达毫微克数量级或更高。其高灵敏度还表现在所需试样很少，微升数量级的样品就足以进行全分析。

4.5.2　液态CO_2柱色谱系统的建立

近年来，超临界流体色谱（流动相处于超临界状态的高效液相色谱）引起了人们的重视，在生化、医药、精细化工、食品等领域得到了广泛的应用，但用于酒花浸膏有效成分分离的超临界流体色谱研究一直未见报道。为了采用制备型超临界流体或高效液相色谱技术制备富含α-酸或β-酸的酒花制品，笔者建立了一套液态CO_2柱色谱系统。

4.5.2.1　色谱柱

作为分离、分析的高效液相色谱系统的色谱柱（填充柱），用不锈钢材料制作应该是首选，以承受一定的高压，其内径大小应选择得合适，太大会使柱效率显著下降，太小则会使填充发生困难；其柱长由所要分离的试样量及所用色谱柱的效能、性质等决定，一般来说对于易分离的试样可用较短的柱，而对于难分离的物质则往往需要较长的色谱柱。本研究所建立的液态CO_2柱色谱系统必须能比较不同类型固定相对柱效能的影响，且必须能达到一定负荷的制备量，因此色谱柱的内径和柱长就不宜选得太小。经综合考虑，色谱柱采用1 Cr18Ni9Ti不锈钢材料制成，尺寸为Φ 10 mm×1 200 mm，形状为直形，外带保温夹套（夹套中通恒温水）。图4-5所示为其结构示意图，上下结构完全对称。

第四章 液态 CO_2 分馏啤酒花有效成分试验

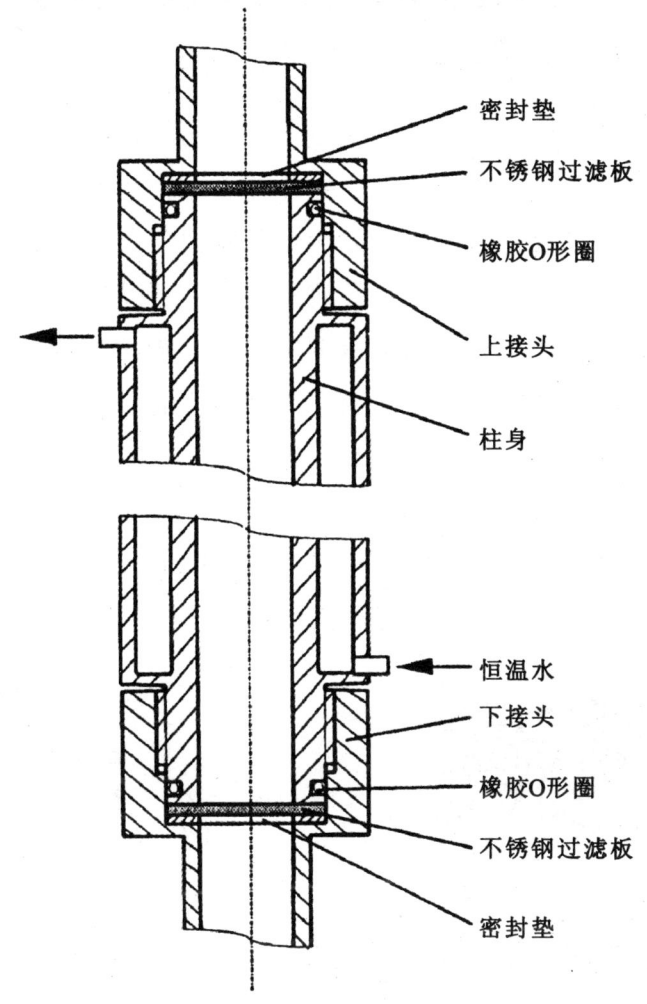

图 4-5 色谱柱结构示意图

4.5.2.2 流动相

液相色谱的分离效果取决于流动相和固定相的选择,而且流动相可选择的范围较大是液相色谱的一个特点,在很多场合,流动相的作用往往占有主导地位。本研究为了继续保持酒花浸膏液态 CO_2 萃取的优点(无有机溶剂残留),在流动相的选择上,不考虑采用其他有机溶剂或有机溶剂与液态 CO_2 的混合溶剂，而仅采用纯 CO_2 作为流动相对酒花浸膏有效成分进行色谱分离研究。

4.5.2.3 固定相

性质不同的固定相，所能适应分离的对象也各异。如何根据所分离的对象来选择合适的固定相以达到预期的分离目的，这对于建立新的色谱系统而言非常重要。高效液相色谱之所以得到迅速发展，与新型高效固定相的出现有着极为重要的关系。液—固吸附色谱（LSC）用的固定相是一些吸附活性强弱不等的吸附剂，从结构上可分为全多孔型和薄壳型两类。全多孔型是由毫微米级（纳米级）的小球微粒凝聚堆积而成的，直径约 5~10 μm 或稍大；薄壳型一般是在实心玻璃球（直径约 30~50 μm）外涂覆一层（厚约 1 μm）多孔性物质。图 4-6 所示为全多孔型和薄壳型固定相的结构示意图。

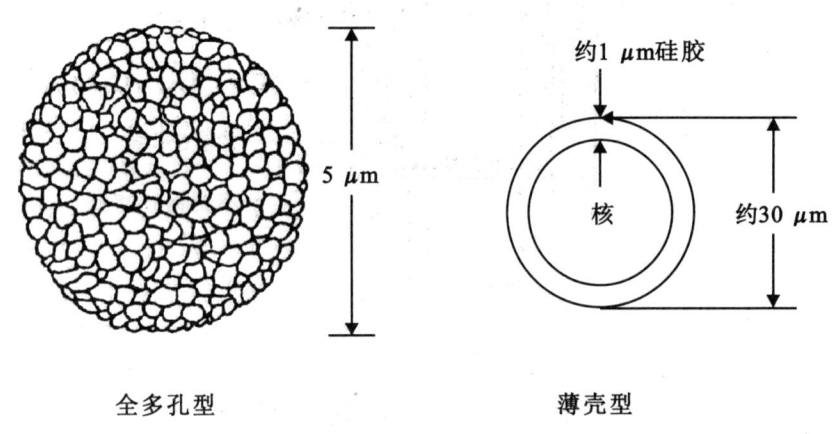

图 4-6　全多孔型和薄壳型固定相结构示意图

全多孔型固定相表面积大，理论塔板数大，柱容量也大，因此负荷量高，可用于半制备或制备型柱中，但这种固定相传质稍慢，且填充困难，需采用特殊填充法（如浆式填充）；薄壳型固定相由于吸附剂仅是表面很薄的一层，因此传质速率快，但往往只有较低的负荷量，不适于应用在半制备或制备型柱中，且生产工艺困难，成本较高。全多孔型固定相与薄壳型固定相相比,在同样的流动相流速下,装填良好的全多孔型柱效比薄壳型柱效高一个数量级以上。随着人们对全孔微粒固定相的深入研究,以及商品质量的提高和装柱技术的发展,全多孔微粒固定相会得到越来越广泛的应用。

笔者受 Sharpe 等人(1980)研究工作的启发,从细胞生物学的角度对酒花萃余物进行了系统的分析,决定将液态 CO_2 萃取酒花浸膏时所得到的酒花萃余物作为色谱分离酒花浸膏有效成分的固定相。

4.5.2.4 液态 CO_2 柱色谱系统

本研究所采用的液态 CO_2 柱色谱装置是在原有超临界(液态)CO_2 萃取试验装置(图 3-1)的基础上通过增加一条支路(包括色谱柱等主要部件)自行改装而成的,系统组成如图 4-7 所示。

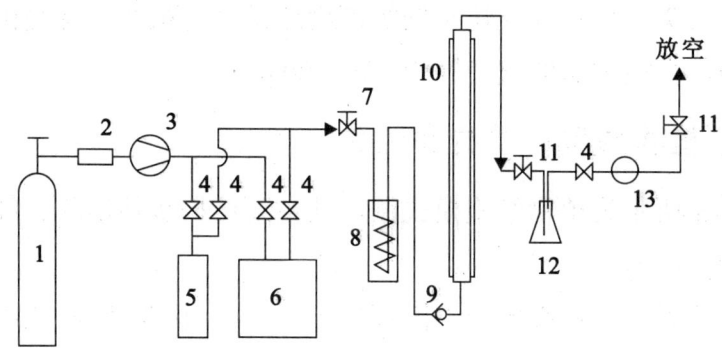

图 4-7 液态 CO_2 柱色谱装置流程图

1. CO_2 钢瓶　　2. 过滤器　　3. 膜片压缩机　　4. 截止阀
5. 缓冲器　　6. 制冷液化装置　　7. 稳压阀　　8. 换热器
9. 单向阀　　10. 色谱柱　　11. 节流阀　　12. 采样瓶　　13. 流量计

该色谱系统与常规高效液相色谱(或超临界流体色谱)系统不同之处在于,液态 CO_2 流动相从色谱柱底部流入,从顶部流出。分析认为流动相的这种自下而上的流入方式可以有效避免色谱柱中液态 CO_2 流动相可能出现的局部气化现象(由于压力或温度条件的瞬间变化引起),确保流动相与固定相均匀接触。由于实验条件和检测技术的限制,该系统未能直接采用高灵敏度的检测器,而是分别收集色谱柱尾不同时段的流出物(收集在图 4-7 中的采样瓶 12 内),采用 ASBC 法(参阅本书附录)进行检测,再绘出色谱图以记录检测结果。

在测量流动相(CO_2)的流速时应尽可能准确,常用的体积流量计由于受压力和温度条件的影响,因而读数往往不准确,即使经过仔细校正后也有较大的误差,为此本系统中采用了带累积的 CO_2 专用质量流量计(如图 4-7 中流量计 13),其读数不受压力和温度条件的影响,可以对 CO_2 流量进行精密测量。

4.5.3 酒花萃余物作为色谱固定相的生物学基础

细胞是生物体形态结构和生命活动的基本单位,分原核细胞和真核细胞两大类。植物(无论是低等植物还是高等植物)都是由真核细胞构成的,真核细胞的直径约为 10~100 μm。

4.5.3.1 植物细胞的结构和组成

图 4-8 所示为植物细胞模式图,其主要结构包括质膜、细胞壁、细胞核和细胞质等。

(1)质膜 真核细胞的外围都包有一层膜,称为质膜(或细胞膜)。其化学组成主要是脂类和蛋白质。质膜不仅是将细胞内部与周围环境分开的边界,更重要的,它是细胞同周围环境或其他细胞进行物质交换的通路。质膜对物质穿膜有调节作用,它是细胞的一道动态屏障。

(2)细胞壁 细胞壁是植物细胞(和细菌细胞)的质膜外结构,是一层厚的硬壁,其主要作用之一是使植物细胞(或细菌细胞)保持特定的外形。植物细胞壁的基本化学成分是多糖物质,由微纤丝(microfibril)网加胶状基质所组成。微纤丝的成分主要为纤维素(纤维素是葡萄糖以 1,4-β-链连成的多糖直链),每条微纤丝大约含有 2 000

条纤维素分子链,直径约 25 nm。通常在显微镜下所看到的是大纤维(macrofibril),大纤维是由若干微纤丝组成的。细胞壁基质中除含有蛋白质外,还有多糖和木质素(木质素仅存在于成熟的细胞壁中)。

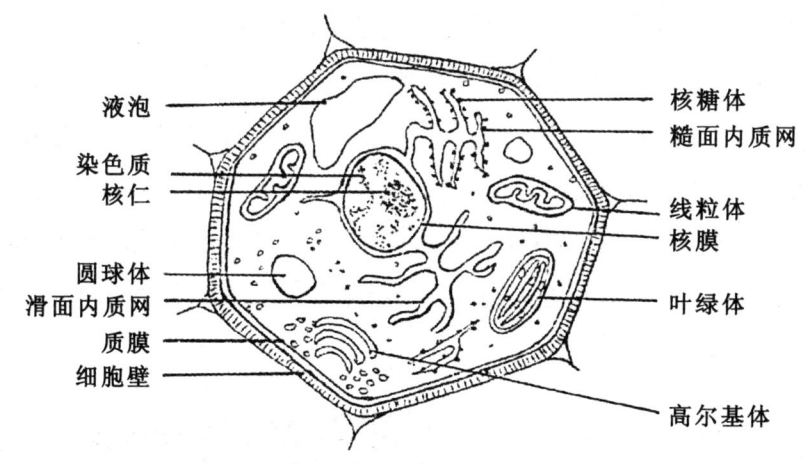

图 4-8　植物细胞模式图(未示胞间连丝)

(3)细胞核　细胞核是细胞内最明显的结构部分,其外表包有核膜。在核内有 1 个至数个呈球形结构的核仁,核仁的化学组成一般含有三种主要成分:DNA、RNA 和蛋白质。核内的无定形成分称为核质,核质的化学组成目前还不清楚,可能含有蛋白质、RNA 和许多酶。

(4)细胞质　细胞质是指介于质膜和核膜之间的连续基质,其中存在各种细胞器,如内质网(由膜围成的隧道系统,是一个连续的扁囊网,有糙面内质网与滑面内质网之分)、高尔基复合体(由成摞的扁囊和许多小泡组成)、线粒体(由双层膜围成)、微管和微丝(它们是细胞质中的纤维状结构,为细胞骨架的主要成分,有保持细胞外形的作用)、液泡(主要成分是水,外有液泡膜包裹)、叶绿体(与光合作用有关的双层膜结构小体)等。

4.5.3.2　真核细胞具有立体网络结构

Osborn,Weber 和 Porter 等人(1976)应用荧光标记物和高压电子立体显微镜两项技术，观察到真核细胞内有一纤维网络结构，共发现三种类型的网状结构，即：微管、微丝和居间纤维。通过电子显微观察，微管纤维外形笔直、坚硬，横切面呈圆管状，直径为 20~25 nm。微管主要含有一种蛋白质（称为微管蛋白），其功能是保持细胞形状、细胞运动和细胞内物质的运输。微丝的纤维较细，直径为 5~6 nm，它所含的分子与肌肉中的肌动蛋白、肌球蛋白和原肌球蛋白相同，也有像肌肉一样的收缩功能，因此，它们对细胞的移动、细胞质的川流运动有关。居间纤维的大小介于微管与微丝之间，直径为 7~10 nm，其结构与功能目前还不清楚。这三种结构形成了立体网络，称为微梁系统。图 4-9 所示为微梁系统的示意图。

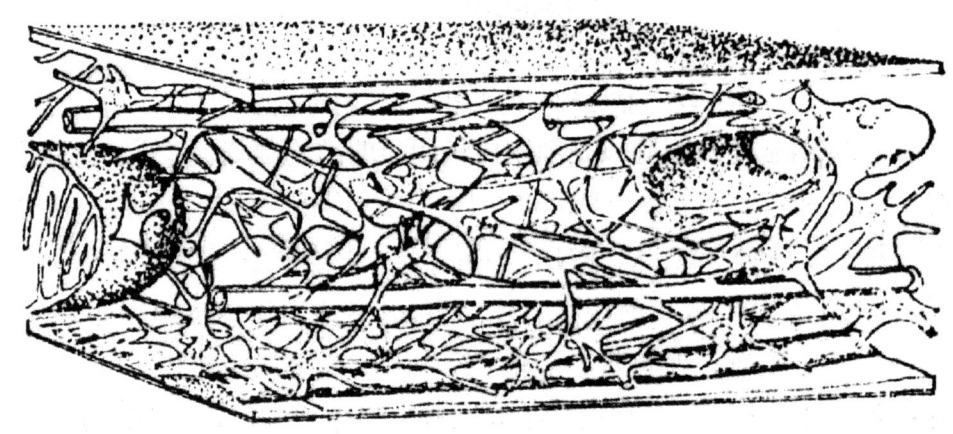

图 4-9　微梁系统示意图

真核细胞的另一主要特点，是在细胞内部由内膜（相对包围在细胞外面的质膜而言）把细胞区分成许多功能区，最明显的是含有由膜包围的细胞核，此外还有由膜围成的各种细胞器（如线粒体、叶绿体、内质网、高尔基复合体等）。把细胞质分成区的内膜具有一定的连续性，形成了细胞的内膜系统（endomembrane system）。

微梁系统把细胞成分网络起来，例如核糖体被联结在该纤维网络的交叉点上，各种细胞器和内膜系统也都由这个网络系统来支架。我们经常看到一些动物细胞或低等植物细胞在缺少坚硬的细胞壁时，不受细胞表面张力的作用，仍然能保持其非球体的细胞形状，这是一种什么样的力量在起作用呢？人们研究发现，其原因正是由于在这些不对称的细胞或伸展的细胞中存在着微梁系统。微梁系统具有支架作用，能形成和保持细胞的形状。因此，可以这样认为，细胞壁是植物细胞的外壳，微管是细胞的骨骼，而微丝则是细胞的肌肉系统。

4.5.3.3 酒花萃余物作为色谱固定相的基本条件

就吸附色谱而言，对吸附剂的一般要求为：

（1）具有较大的表面积，内部是多孔的颗粒状或纤维状的固体物质；

（2）在流动相中不溶解，对流动相和样品成分不起破坏或分解作用；

（3）具有可逆的吸附性能，即在溶液中能吸附样品成分，而吸附后又容易用流动相溶剂把样品成分从吸附剂中解脱出来。

目前最常用的吸附剂主要是硅胶和氧化铝，因为它们的吸附力强，可以分离的化合物类型比较广泛。但据文献报道，这两种吸附剂对被吸附的物质有时会产生程度不同的不良副反应。例如氧化铝（碱性）会引起醛和酮的缩合、酯和内酯的水解、醇羟基的脱水、乙酰糖的去乙酰化、维生素A和K的破坏、鱼藤酮类杀虫药的分解等等；相对而言，硅胶对于样品的副反应比较少，但也会引起萜类中的烃及甘油酯等的异构化、含邻羟基黄酮化合物的氧化、甾醇的异构化（在含卤素溶剂的情况下）等等。

本研究从细胞生物学的角度对酒花的微观结构进行分析，决定将液态CO_2萃取酒花浸膏时所得到的萃余物作为液态CO_2柱色谱分离酒花浸膏有效成分的固定相。这与对吸附剂的一般要求非常吻合。

首先，酒花是一种植物性材料，从植物学角度进行分析，酒花有效成分（包括酒花树脂和酒花油等）是由酒花花片基部的蛇麻腺所分泌的物质，蛇麻腺是由蛇麻腺细胞所组成的，蛇麻腺细胞和其他的植物细胞具有相同的结构组成（如图 4-8）。酒花原料经过预处理（如烘干等）及液态（或超临界）CO_2 萃取后，实际上是将细胞质及细胞质中各种细胞器内的大部分基质组分萃取出来，留下细胞壁、微梁系统和内膜系统（它们中也有少量组分被萃取出来）。因而植物细胞变成了一个个的"空心"细胞（由于细胞壁和微梁系统的支架作用，使其仍保持原有的外形），"空心"细胞内部其实并非真正的空心，在其内部存在着由微梁系统和内膜系统所形成的立体网络结构。酒花萃余物正是由这些内部仍具有立体网络结构的"空心"细胞所堆砌而成的（参阅本章4.5.3.4 小节），这样的萃余物必然具有较大的表面积。

其次，采用萃余物作为固定相，由于其本身就是液态 CO_2 的萃余物，因此在 CO_2 流动相中不可能继续被溶解，而且对 CO_2 和样品（酒花浸膏）也不可能发生破坏或分解作用。

再次，萃余物对酒花浸膏具有可逆吸附性也是不难理解的。本章4.2 节的分析结果表明，萃取历程对酒花浸膏的组成有较大影响，不同组分会按先后顺序被萃取出来，这说明酒花原料对不同的酒花组分确确实实存在着大小不同的"牵制力"（吸附力），液态 CO_2 对其进行萃取时，受酒花原料"牵制力"较小的组分会首先被萃取出来，受酒花原料"牵制力"较大的组分稍后才被萃取出来。于是采用萃余物作为固定相，采用纯 CO_2 作为流动相对酒花浸膏进行色谱分离，可望使酒花组分被萃取出来的先后顺序进一步强化，最终使各种酒花组分达到分离纯化的目的。而且由于酒花浸膏样品本身就是采用液态 CO_2 从酒花原料中萃取出来的，因此可以断定酒花浸膏的所有有效成分均不可能被永久吸附在萃余物（固定相）上，CO_2 的溶剂力足以将它们再次分离出来。

4.5.3.4 酒花萃余物的解剖显微结构

本研究采用日本 JEOL 公司生产的 JXA-840A 型电子探针扫描电子显微镜对酒花萃余物进行微观结构解剖,从而表明酒花萃余物具有多孔性的空间立体结构,满足作为色谱固定相的基本条件。

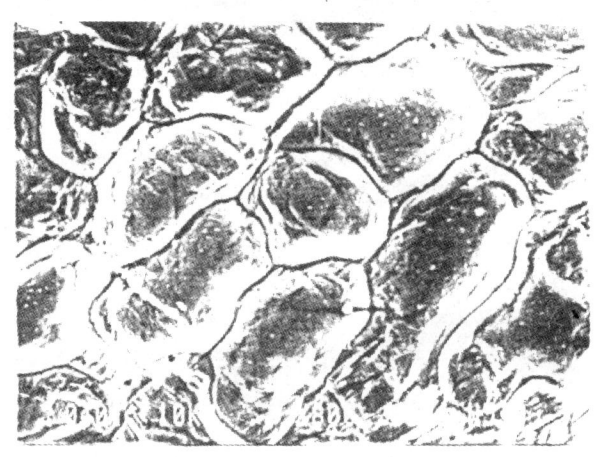

图 4-10 酒花花片表面观(×800)

图 4-10 所示为酒花花片表面观,从图中可看出其表皮细胞为近似等径的不规则形,直径约 30 μm,相互紧密排列无间隙,侧壁如波浪起伏,镶嵌如犬牙交错。

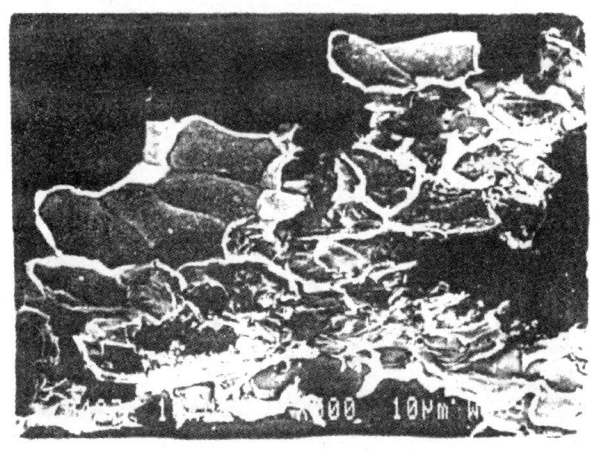

图 4-11 酒花花片斜切面观(×500)

图 4-11 所示为酒花花片斜切面观,从图中可看出,有些表皮细胞依旧保持完整的外形(图 4-11 中左上部分),而绝大部分细胞已被切开,该图能较全面地反映酒花花片细胞的空间立体结构,甚至连内膜系统也清晰可辨。

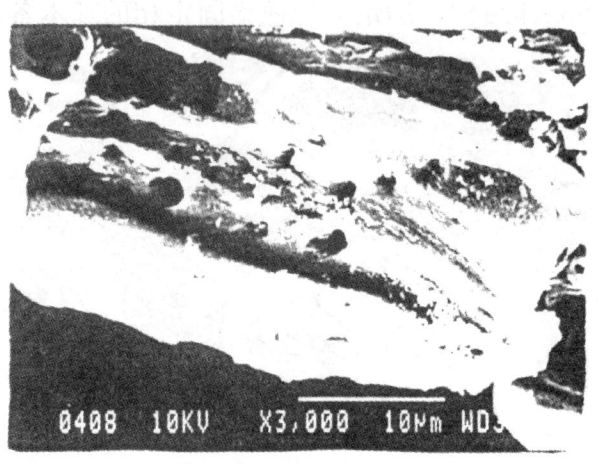

图 4-12　酒花花片细胞纵切面观(×3 000)

图 4-12 所示为某一酒花花片细胞纵切面观,从图中可清楚地看出酒花花片细胞的胞间连丝(相邻细胞穿通细胞壁的细胞质通路,是细胞进行物质运输的通道),大小约 1 μm。

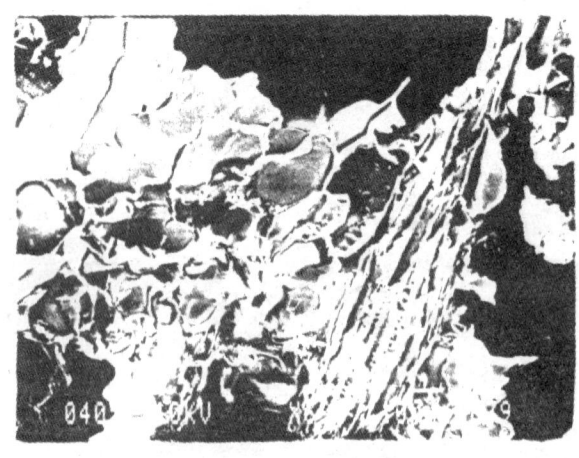

图 4-13　酒花花片纵切面观(×600)

图 4-13 所示为酒花花片纵切面观,从图中可以清晰地看到被切开的花片细胞和被切开的"叶脉"。花片中的"叶脉"纵横交错结为网状,连成相互贯通的输导系统,其主要特征是细胞分化为长管形结构,在细胞与细胞之间以特殊的方式相联系。

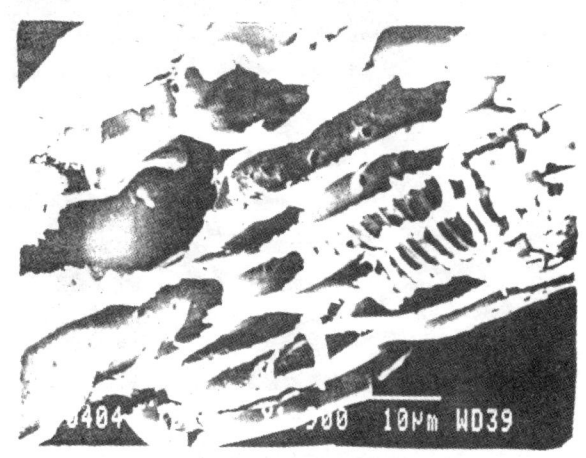

图 4-14　花片叶脉斜切面观（×1 900）

图 4-14 所示为花片"叶脉"斜切面观。"叶脉"是由平行导管组合在一起形成的,从图中可以看出,花片"叶脉"中的导管有两种:一种为穿孔导管,一种为螺纹导管。

图 4-15　穿孔导管纵切面观（×3 500）

图 4-15 所示为穿孔导管纵切面观，图 4-16 所示为螺纹导管纵切面观。另外，花片"叶脉"中还存在一种梯形穿孔导管，该种类型导管的侧壁一般是次生壁，是由连续的梯形穿孔所组成的，如图 4-17 所示。

图 4-16　螺纹导管纵切面观（×4 000）

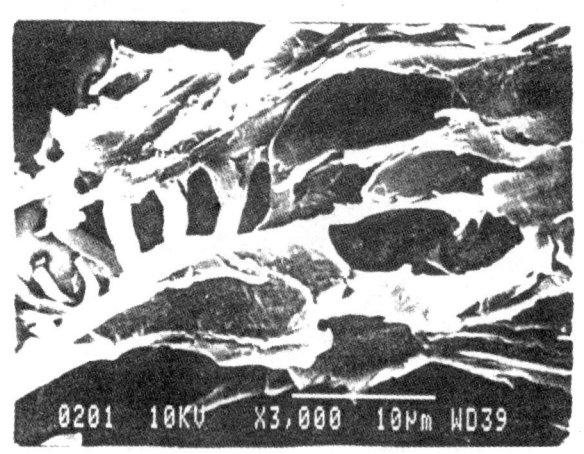

图 4-17　梯形穿孔导管纵切面观（×3 000）

图 4-18 所示为酒花花片横切面观，从图中除能清晰地看出空间立体结构外，还可看到细胞的胞间连丝及隐约可见的内膜系统。

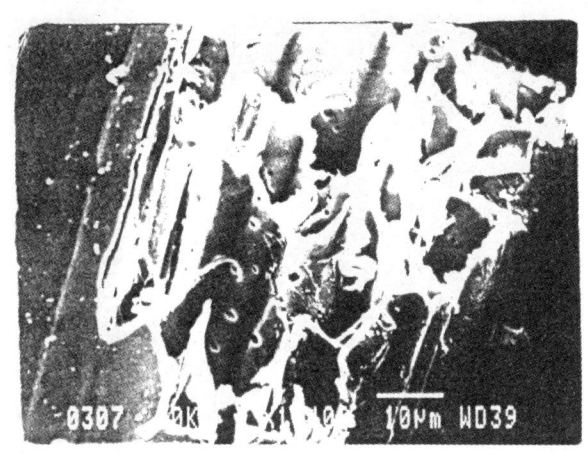

图 4-18　酒花花片横切面图（×1 400）

在酒花花片的表面上，还常常分布一些单细胞形成的毛状体，如图 4-19 所示。毛状体的大小与表皮细胞的大小相近，在图 4-19 的左上部分还能看到部分毛状体脱落后留下的凹坑。

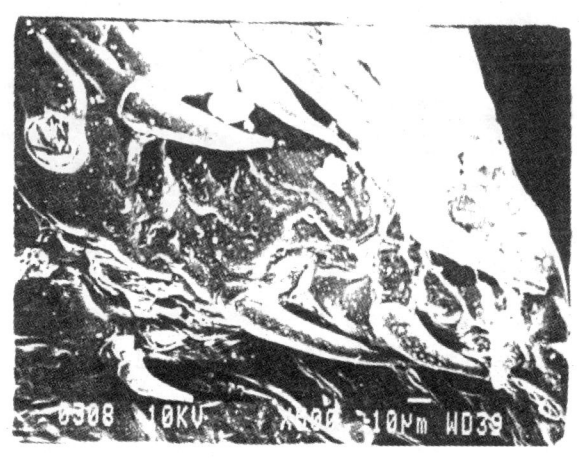

图 4-19　花片毛状体表面观（×500）

在酒花萃余物中，还可观察到如图 4-20 所示的颗粒。该颗粒为酒花雌蕊的柱头，图 4-21 为图 4-20 的部分放大，从图中可看出，柱头的空间立体结构更为明显。

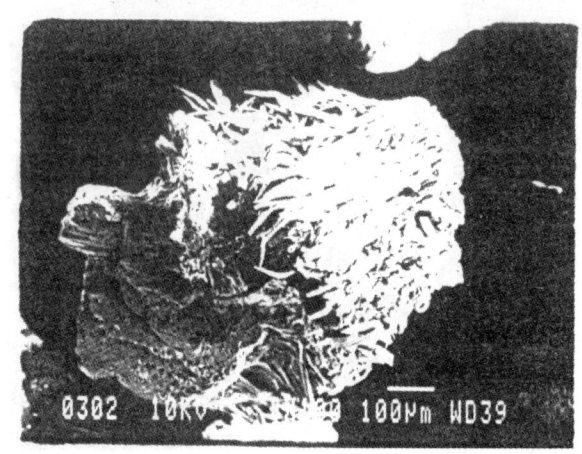

图 4-20 酒花雌蕊柱头表面观（×100）

图 4-21 酒花雌蕊柱头局部表面观（×500）

4.5.4 液态 CO_2 柱色谱分离试验

4.5.4.1 柱色谱系统

本试验研究所用柱色谱系统为自行研制的液态 CO_2 柱色谱装置，系统组成如图 4-7 所示；

色谱柱系直型（图 4-5 所示），材料为 1 Crl8Ni9Ti 不锈钢，尺寸

为 $\Phi 10\ mm \times 1\ 200\ mm$，自制；

固定相采用全多孔型氧化铝吸附剂（200～300 目，上海化学试剂总厂试剂二厂生产），和不同粒度的酒花萃余物（经过液态 CO_2 极限萃取处理，自制）；

流动相为 CO_2，纯度 99.9%，江苏省镇江市氧气厂制备。

4.5.4.2　柱色谱分离试验

采用上述柱色谱系统对酒花浸膏进行液态 CO_2 柱色谱分离。该色谱分离方式显然只能采用间歇式操作，即每次均在色谱柱的底部加入一定量的酒花浸膏，直至色谱分离过程结束。具体装样按如下步骤进行：从图 4-7 所示的系统中卸下色谱柱；旋开上接头和下接头（见图 4-5），倒出柱中原有的固定相（视实际情况决定色谱柱是否需要清洗）；将下接头与柱身连结起来；从柱身上部填充选定的固定相，边填充边不断振动柱身，确保固定相填充均匀，防止固定相在柱中出现断层；固定相填充完毕，必须使柱身顶部留有足够的空间以便加入适量的酒花浸膏，再在酒花浸膏上表面覆盖一层固定相，直至柱身充满为止；将上接头与柱身连接起来；将色谱柱颠倒（色谱柱上下结构完全对称）连接至柱色谱系统中。这样使得酒花浸膏位于色谱柱的底部，流动相流入色谱柱后首先与酒花浸膏样品接触，从而实现色谱分离过程。

在进行色谱分离试验时，操作条件的选择如下：液态 CO_2 温度保持在 7 ℃，液态 CO_2 压力保持在 10 MPa，流量控制在 2 L/min（标况下）左右。温度和压力条件与酒花浸膏采用液态 CO_2 萃取时的条件完全相同，这样可以确保 CO_2 的溶解能力和萃取选择性与酒花浸膏萃取时一致，既不会将萃余物（固定相）中的其他组分萃取出来，也不会将酒花浸膏中的某些组分永久遗留在萃余物中。

4.5.4.3 结果分析与讨论

从理论上分析,酒花浸膏被 CO_2 带入色谱柱后,便在流动相(CO_2)和固定相之间进行色谱分离,也就是酒花浸膏中的组分在两相间进行反复多次的分配。由于固定相对各组分的吸附能力不同,因此各组分在色谱柱中的运行速度就不同,经过一定的柱长后,便彼此分离,依次离开色谱柱。

(1)空柱对液态 CO_2 "柱色谱"分离效果的影响　采用不同固定相的液态 CO_2 柱色谱,其分离效果往往差异很大,为了使它们有一个统一的参照标准,本文特进行了空柱(即色谱柱中不填充任何固定相)下的液态 CO_2 "柱色谱"分离试验。色谱条件及样品回收率如表 4-2 所示,从表中可以看出,α-酸和 β-酸及浸膏的回收率均大于 95%,这表明产物的收集方式满足要求,可用于实际的色谱分离操作。

表 4-2　液态 CO_2 空柱"色谱"时的样品回收率

固定相类型	CO_2 流量 (kg/h)	时间 (h)	回　收　率(%)		
			浸膏	α-酸	β-酸
无	0.287	6.5	96.7	97.3	95.2

注:原料中 α-酸含量为 44.22%,β-酸含量为 33.33%;原料使用量为 0.9 g;操作压力为 10 MPa,操作温度为 7 ℃。

图 4-22 所示为空柱"色谱"时,酒花浸膏的回收率及其随时间的变化率曲线,从图中可以看出,当操作时间为 4.174 h 时,回收率高达 94.44%,这表明在很短的操作时间内,酒花浸膏便可被 CO_2 溶解并携带,不存在任何"牵制"吸附力,这与液态 CO_2 从酒花原料中萃取酒花浸膏的情形大不相同(如图 4-1)。图 4-1 中萃取率的变化率曲线较为平坦,最大值约为每小时 20%,萃取时间较长时,尤其是在萃取过程的后期,酒花原料对酒花有效成分表现出较强的"牵制"吸附力,致使萃取操作过程显得"不干脆",进一步提高萃取率需耗费相当长

的时间。图4-22中回收率的变化率曲线(高阶多项式回归曲线,相关系数的平方 γ^2=0.9631)较为陡峭,最大值约为每小时 37%,而且在较短的时间内便可降至零。

对不同时间段所收集的产物进行组分含量测定后发现,各产物中 α-酸和 β-酸的含量没有太大差异,且与原料中的组成非常接近。这表明,原料中的 α-酸和 β-酸几乎是以相同的速率经过色谱柱,不存在被 CO_2 先后"洗脱"出来的现象。

在考察液态 CO_2 萃取历程对酒花浸膏组成的影响时发现,在不同时间段所采集到的萃取产物,其组成存在差异,各组分并不是以相同速率被 CO_2 萃取出来的(参阅图 4-2)。这表明酒花原料对不同组分存在大小不等的"牵制"吸附力。空柱"色谱"所用原料是酒花浸膏,CO_2 将其溶解带入色谱柱时,不会受到"牵制"吸附作用,加上色谱柱为空柱,因此导致酒花浸膏中的各组分以几乎相等的速率再次被 CO_2 溶解、携带并通过色谱柱,最后被收集。

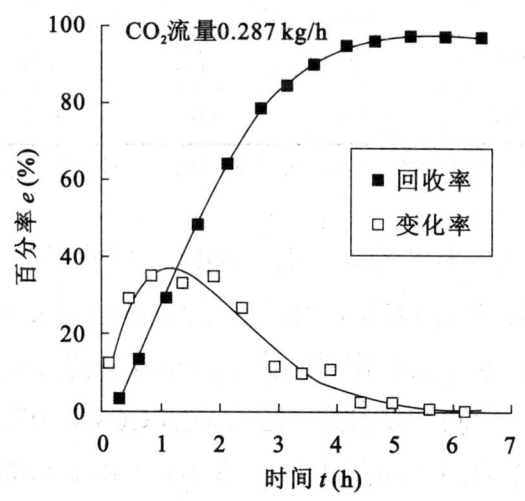

图 4-22　酒花浸膏的回收率及其变化率(无固定相)

(2)氧化铝固定相对液态 CO_2 柱色谱分离效果的影响　本章 4.4 节和 4.5.1 小节已经指出,氧化铝一般不适宜用作酸性物质色谱分离的固定相。为了验证此论断的正确性,本研究仍然采用全多孔型(200~300目)氧化铝作为固定相从事液态 CO_2 色谱分离酒花浸膏有效成分的试验。图 4-23 所示为采用氧化铝作为固定相时,酒花浸膏的回收率及其随时间的变化率曲线。从图中可以看出,当操作时间长达 10.869 h 时,回收率仅为 38.89%;当操作时间延长至 13 h 时,回收率始终没有增加,仍为 38.89%。图中回收率的变化率曲线(高阶多项式回归曲线,相关系数的平方 $\gamma^2=0.8702$)变得非常平坦,最大值仅约为每小时 4%。由于酒花浸膏回收率太低,而且操件时间太长,因此可以得出结论,氧化铝确实不适宜用作液态 CO_2 柱色谱分离酒花浸膏有效成分的固定相。

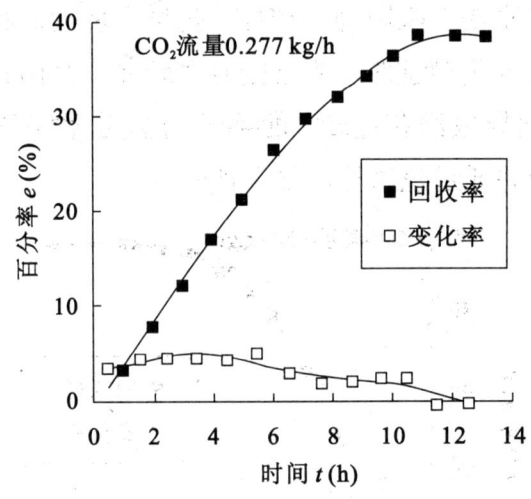

图 4-23 酒花浸膏回收率及其变化率(氧化铝固定相)

(3)酒花萃余物固定相对液态 CO_2 柱色谱分离效果的影响 由 4.5.3 小节的分析表明,酒花萃余物具备作为色谱固定相的基本条件,接下来将考察酒花萃余物对液态 CO_2 柱色谱分离的实际应用效果。色谱条件及样品回收率如表 4-3 所示。

表 4-3 酒花萃余物用作固定相时的样品回收率

固定相 (目数)	CO_2 流量 (kg/h)	时间 (h)	回 收 率(%)		
			浸膏	α-酸	β-酸
10～30	0.202	6.5	64.44	69.56	72.44
30～60	0.194	7.0	86.67	88.12	86.60
>60	0.196	6.5	95.56	95.76	94.98

注：原料中 α-酸含量为 44.22%，β-酸含量为 33.33%；原料使用量为 0.9 g；操作压力为 10 MPa，操作温度为 7 ℃。

图 4-24、图 4-25 和图 4-26 所示分别为采用 10～30 目、30～60 目和大于 60 目的酒花萃余物作为固定相时，液态 CO_2 柱色谱分离酒花浸膏的回收率及其随时间的变化率曲线。

从图 4-24 可以看出，以 10～30 目酒花萃余物作为固定相时，酒花浸膏的回收率较低，只有 64.44%；从回收率的变化率曲线来看，浸膏通过色谱柱的时间延长至约 5 h，且速率发生了变化，表明酒花萃余物能发挥吸附作用；从图 4-25 可以看出，以 30～60 目的酒花萃余物作为固定相时，尽管酒花浸膏回收率达到 86.67%，但通过色谱柱的时

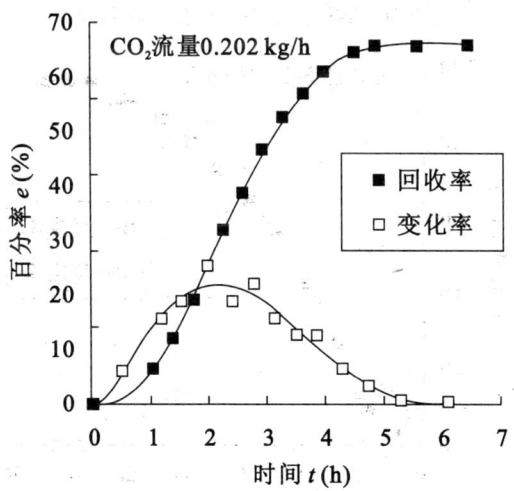

图 4-24 酒花浸膏的回收率及其变化率

(采用 10～30 目酒花萃余物作为固定相)

间仅为约 2.2 h,移动显然过于迅速;从图 4-26 可以看出,以大于 60 目的酒花萃余物作为固定相时,酒花浸膏的回收率高达 95.56%,回收率的变化率曲线表明,通过色谱柱的时间延长至约 6 h,且浸膏在色谱柱中的移动速率发生了较大的变化。

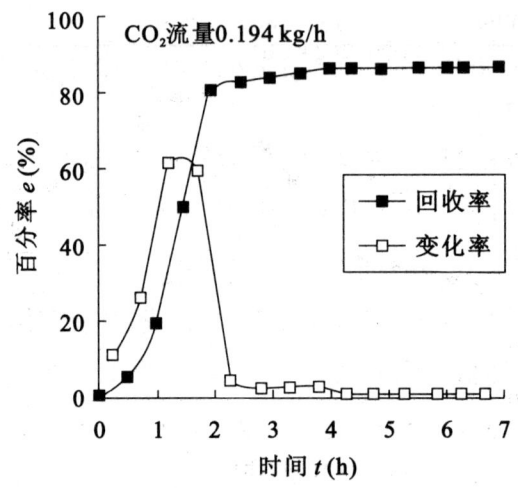

图 4-25　酒花浸膏的回收率及其变化率

(采用 30~60 目酒花萃余物作为固定相)

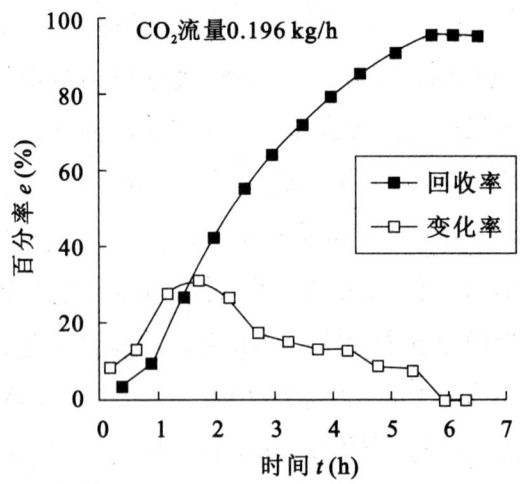

图 4-26　酒花浸膏的回收率及其变化率

(采用>60 目酒花萃余物作为固定相)

为了揭示不同粒度的酒花萃余物作为固定相时对液态 CO_2 柱色谱分离效果的影响规律,有必要对不同时间段在色谱柱尾所收集到的产物进行组分含量测定,测定结果分别如图 4-27、图 4-28 和图 4-29 所示。

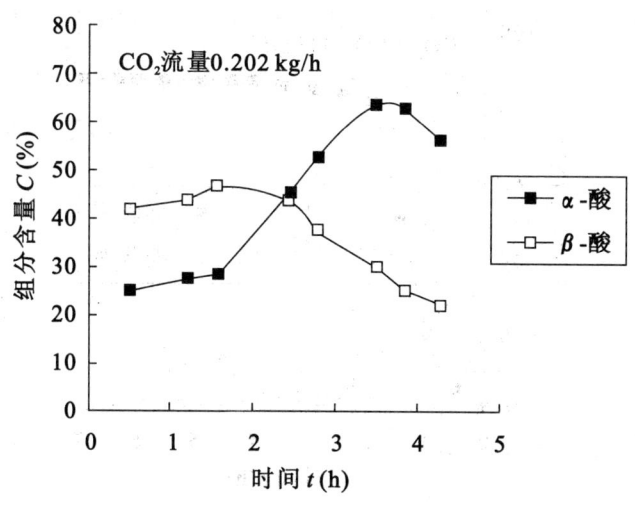

图 4-27 组分含量与时间的关系

(采用 10~30 目酒花萃余物作为固定相)

图 4-27 所示为采用 10~30 目酒花萃余物作为固定相时,色谱柱尾收集物组分含量与时间的关系。尽管进行色谱分离所用酒花浸膏原料 α-酸含量为 44.22%,β-酸含量为 33.33%,但从图中可以看出,经过液态 CO_2 色谱分离后,最初的收集物中 α-酸含量约为 25%,β-酸含量约为 42%;当色谱进行到约 1.5 h 时,β-酸含量达到最大值,约为 47%,而此时 α-酸含量约为 29%;随后,β-酸含量开始下降,而 α-酸含量开始增加;当色谱进行到约 3.5 h 时,α-酸含量达到最大值,约为 64%,而此时 β-酸含量已降至约为 30%;接下来,α-酸和 β-酸均呈下降趋势。当色谱过程进行到约为 4.5 h 时,酒花浸膏的回收率几乎停止增长,仅为 64.44%(参阅图 4-24),而 α-酸和 β-酸的回收率分别为 69.56%和 72.44%。

图 4-28 所示为采用 30~60 目酒花萃余物作为固定相时,色谱柱尾收集物组分含量与时间的关系。由图中可看出,最初的收集物中 α-酸含量约为 28%,β-酸含量约为 45%;随后,β-酸含量开始下降,α-酸含量开始增加;当色谱进行到约 1.75 h 时,α-酸含量达到最大值,但仅为约 51%,而此时 β-酸含量仍高达 33%;接下来,两者含量均呈下降趋势。当色谱进行到约 2.5 h 时,酒花浸膏的回收率已达 86.67%,随后几乎停止增加(参阅图 4-25),此时 α-酸和 β-酸的回收率分别为 88.12%和 86.60%。

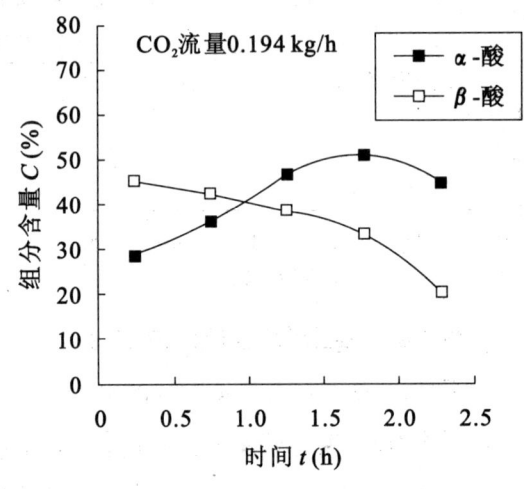

图 4-28 组分含量与时间的关系

(采用 30~60 目酒花萃余物作为固定相)

图 4-29 所示为采用大于 60 目的酒花萃余物作为固定相时,色谱柱尾收集物组分含量与时间的关系。从图中可看出,最初的收集物中 α-酸含量约为 27%,β-酸含量约为 47%;随后,α-酸含量增加缓慢,而 β-酸含量增加较快;当色谱进行到约 1.4 h 时,β-酸含量达到最大值,约为 63%,而此时 α-酸含量仅约为 30%;随后,α-酸含量增加变快,而 β-酸含量开始降低;当色谱进行到约 2.75 h 时,α-酸含量达到最大值,约为 63%,而此时 β-酸含量已降至约为 22%;接下来,两者均呈下降趋势。当色谱进行到约 5.7 h 时,酒花浸膏的回收率已高达 95.56%,

随后几乎停止增长（参阅图4-26），此时α-酸和β-酸的回收率也分别高达95.76%和94.98%。

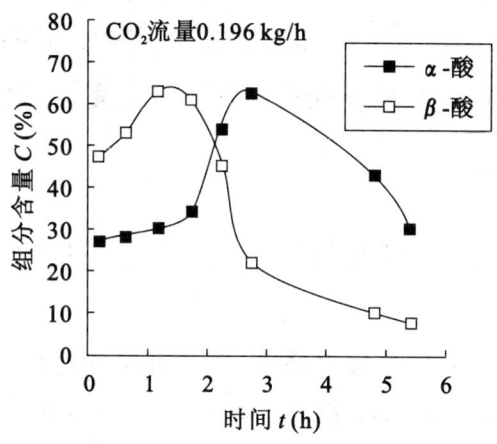

图4-29 组分含量与时间的关系

（采用>60目酒花萃余物作为固定相）

通过上述的分析和讨论，以酒花萃余物作为液态CO_2色谱分离酒花浸膏的固定相是完全可行的，采用大于60目的粉状酒花萃余物作为固定相效果最佳，但粒度太大易导致回收率低或分离效果差。

经分析，粒度大导致回收率低的原因可能是：色谱过程刚开始，液态CO_2顺利地将酒花浸膏样品溶解带入色谱柱，开始色谱分离过程。但在色谱过程中，由于粒度较大的酒花萃余物自然堆积比重极小，极易出现CO_2"短路"现象。一旦形成"短路"，便相应存在"死区"，这样就导致已进入"死区"的酒花浸膏不可能被CO_2再次溶解携带，从而"永久"遗留在色谱柱中，最终导致酒花浸膏回收率偏低。

（4）流量及原料量对柱色谱分离效果的影响　色谱理论认为，流量大小对色谱分离效果影响较小，本研究在实验过程中也验证了该论断的正确性，但未对其做深入研究。

从上述试验可以看出，α-酸和β-酸已得到初步分离。若要使酒花浸膏中的α-酸和β-酸进一步分开，必须增加色谱柱的高度，或者减少原料量；或者继续增大酒花萃余物的目数也可望提高色谱柱的柱效。

不过，减少原料量必然导致色谱柱尾收集物的量更少，给收集和分析工作带来很大难度；继续增大酒花萃余物的目数也会给实验操作带来更大的困难；因此在今后进一步的实验研究中，通过增加色谱柱的高度使酒花浸膏中的α-酸和β-酸进一步分开是完全可行的。

4.6 本章小结

围绕酒花浸膏有效成分的分馏进行了相关研究，主要研究内容和结论如下。

（1）考察了萃取历程对酒花浸膏组成的影响，明确了α-酸和β-酸在萃取时确确实实存在被先后萃取出来的迹象；

（2）通过试验，得出采用多级分离工艺分馏酒花有效成分是不可行的结论；

（3）通过薄层色谱成功地将酒花浸膏中的有效成分进行了分离；

（4）从细胞生物学的角度分析了酒花萃余物作为色谱柱固定相的可行性，且可推广应用于其他生物资源有效成分的色谱分离研究，即分离何种生物资源的有效成分就以何种生物资源的萃余物作为色谱柱固定相；

（5）建立了液态 CO_2 柱色谱系统，采用纯 CO_2 作为流动相，采用酒花萃余物作为固定相，进行了液态 CO_2 柱色谱分离酒花有效成分的试验研究，结果表明，该工艺行之有效，以大于 60 目的酒花萃余物作为固定相，可以得到α-酸含量高达 62.34%而β-酸含量仅约为 22%，以及α-酸含量仅约为 30%而β-酸含量高达 63.70%的色谱柱尾收集物；

（6）可以推断，若色谱柱足够长，或样品量足够少，可望将酒花浸膏中的α-酸和β-酸进一步分开；继续增大酒花萃余物的目数也可望提高色谱柱的柱效。

第五章 液态 CO_2 萃取啤酒花浸膏经济效益目标规划

5.1 引言

在我国开发生产液态 CO_2 酒花浸膏具有较大的经济效益和社会效益，但所谓的经济效益不能仅停留在对酒花原料有限的增值上，还必须考虑实际生产过程中的各种因素，尽可能降低产品的各项成本，提高经济效益。因此，本章从企业管理中目标规划的管理方法入手，对液态 CO_2 萃取酒花浸膏的实际问题建立目标规划模型，以便对其进行求解。

5.2 目标分析与目标规划模型

5.2.1 目标分析

在目标管理中，目标的设计与选定是一项十分重要的工作。广义上讲，目标就是始终存在于人们头脑中并促使人们积极行动以追求的结果，是控制与组织人们行动的指南，是一切的出发点与基本；狭义上讲，目标就是人们在某一时期内用自己的努力期望并且可以达到的结果。为此，本章的目标可以确定为液态 CO_2 萃取酒花浸膏可能获得的最大经济效益。

5.2.2 目标规划数学模型

经营管理中遇到的许多实际问题,通常是指在一定的条件下怎样才能使产量、销售量或利润实现最大化的问题;或者是指在一定的条件下怎样才能使各种资源消耗或产品成本实现最小化的问题。这类问题往往影响因素繁多,关系复杂,必须经过仔细分析,弄清各因素之间的相互关系以及它们与外部环境之间的联系,建立目标规划的数学模型。因此,目标规划模型包括下列三个部分。

5.2.2.1 变量

变量是指可以控制的因素,也即实际系统中有待确定的未知因素。这些因素对系统目标的实现或各项经济指标的完成具有决定性影响,它们的值决定了所建目标规划模型的解。例如,就液态 CO_2 萃取酒花浸膏实际生产过程而言,为了保证酒花浸膏产品的品质,其萃取工艺参数(主要指萃取温度和萃取压力)应和萃取实验研究时的工艺参数相同,也即工业放大主要是指流量的放大。因此,对生产过程的经济效益具有决定性影响并在生产过程中可以进行控制的因素(变量)有:CO_2 流量 L 和萃取时间 t(或酒花浸膏得率 y)。由于萃取时间 t 与酒花浸膏得率 y 之间具有内在的相互联系(参阅本章 5.4.1 小节),因此两者中只有一个是独立变量,另一个为非独立变量。

5.2.2.2 目标函数

目标函数是指对所确定的目标的数学描述,可以用来评价各方案(变量取不同数值时)的优劣。就本章所考察的对象而言,其实就是指建立经济效益 Z 与 CO_2 相对流量 q 及萃取时间 t 等变量之间的数学关系式(参阅本章 5.3 节)。

5.2.2.3 约束条件

约束条件是指对所确定的目标具有约束和限制作用的因素，也即是根据所考察系统的特点加在变量取值上面的限制条件。本章所考察的系统同样存在一些约束条件，如萃取时间 t 与浸膏得率 y 具有内在联系，CO_2 流量 L 与设备的功率消耗 p 具有内在联系，等等（参阅本章 5.4 节）。

5.3 目标函数的构造

在实际生产过程中，各变量取不同的数值，所确定的目标必然会相应发生变化。具体地讲，从事液态 CO_2 萃取酒花浸膏时，若采用较大的 CO_2 流量进行萃取，固然可以提高萃取速率，因而在对浸膏得率要求相同的情况下可以缩短萃取时间，但流量增大的同时也导致萃取装备功耗消耗增大，到底该选用多大的 CO_2 流量合适呢？同样，在操作工艺参数一定时，萃取时间为多长才是最佳呢？由于萃取时间长必然可以提高浸膏得率，从而提高酒花原料的利用率，降低原料成本，但过度延长萃取时间会导致萃取系统利用率降低，生产批次变少。所有这些与经济效益都有密切的联系，若能将经济效益（或称为企业的生产利润）描述成由上述各变量表达的函数形式，通过对该函数进行数学求解，以求得其最大值，便可得到各变量的最佳值。这样的函数关系便是目标函数。

对液态 CO_2 萃取酒花浸膏的生产问题，可按下式建立目标函数。

$$利润 = 产值 - 成本 \tag{5-1}$$

在生产管理中，成本是产品进入供销环节或者说是整个产供销环节中最重要的经济指标之一。产品成本表现为一定的生产费用，可分为直接费用与间接费用两类。直接费用是指直接为生产这种产品所消耗的费用，例如原材料、动力、燃料等费用，可以根据原始凭证直接计入产品成本中；间接费用是指那些无法根据原始凭证直接计入产品成本中去的费用，通常表现为生产多种产品所共同消耗的费用，例如设备折旧费、车间经费、企业管理费等，它必须采用一定的方式间接地计入到产品成本中去。本章由于仅针对液态 CO_2 萃取酒花浸膏的生产过程进行经济效益目标规划，因此间接生产费用不在考察范围之内，甚至连工人工资等与生产过程没有直接联系的成本也不计入，于是可建立如下目标函数：

$$Z = [W(yk_1 - k_2) - ptk_3]\frac{24}{t_1 + t} \qquad (5-2)$$

式中，Z —— 一天的利润，元；

W —— 原料的批处理量，可理解为萃取装备中萃取器的装料量，kg；

y —— 酒花浸膏得率，%；

k_1 —— 酒花浸膏价格，元/kg；

k_2 —— 酒花原料价格，元/kg；

p —— 功率消耗，kW；

t —— 每批原料萃取时间，h；

k_3 —— 单位功耗成本，元/kW·h

t_1 —— 每批原料辅助操作时间，包括卸压、卸料、装料、升压等辅助时间，h；

$24/(t_1+t)$ —— 一天内的萃取批次（相对单只萃取器而言）。若萃取装备含有多只萃取器，在萃取生产过程中保证其中有一只萃取器用于更换萃取原料（处于备用状态），则萃取操作可近似看作为连续萃取过程，因而单只萃取器一天内的萃取批次为 $24/t$。

5.4 约束条件的确定

在式（5-2）所示的目标函数表达式中，含有许多参数，其中的 W、k_1、k_2、k_3 和 t_1 应该看作是固定不变的常数，因此实际变化的参数只有 y、p 和 t。事实上功率消耗 p 应看作 CO_2 流量 L 的因变量，而当 CO_2 流量 L 一定时，浸膏得率 y 和萃取时间 t 两者实际上也只有一个是独立变量，这表明各变化参数之间有一定的内在关系，这便形成了式（5-2）所示的目标函数的约束条件。

5.4.1 流量、得率与时间三者的关系

从本书第三章图 3-5 可以看出，CO_2 相对流量一定时，浸膏得率 y 与 CO_2 相对消耗量 Q 之间存在内在联系。将图 3-5 中的横坐标改为萃取时间 t，便可得到浸膏得率 y 与萃取时间 t 的关系曲线，如图 5-1 所示。对图 5-1 中各条得率曲线进行回归分析，得到回归曲线方程为：

$$y = 11.85 - 11.85 e^{-bt} \tag{5-3}$$

式中，11.85 —— 酒花浸膏的极限得率，%；

b —— 回归系数，不同 CO_2 相对流量具有不同值，如表 5-1 所示。

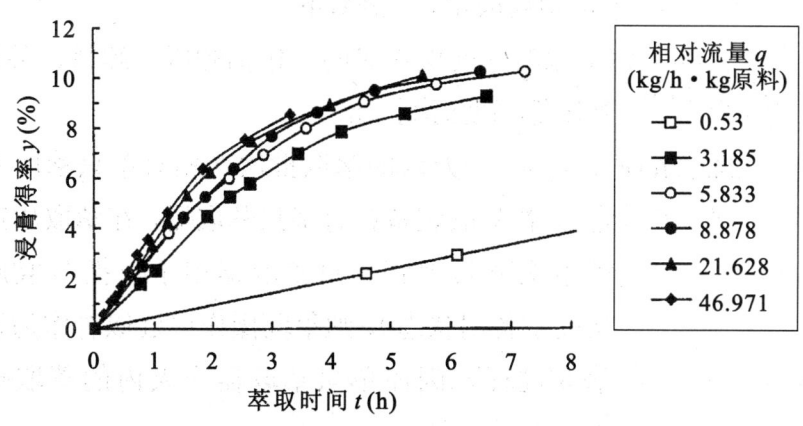

图 5-1 浸膏得率与萃取时间的关系

表 5-1　回归系数 b 与 CO_2 相对流量 q 的对应关系

CO_2 相对流量 q (kg/h·kg 原料)	回归系数 b
0.53	0.057 56
3.185	0.244 6
5.833	0.295 1
8.878	0.324 9
14.029	0.333 9
21.628	0.352 5
37.577	0.398 3
46.971	0.394 6
69.587	0.410 6
93.942	0.338 2

对表 5-1 中的数据经回归处理，得到如下关系式（相关系数的平方 $\gamma^2=0.947\ 7$）：

$$b = 0.0697 \ln q + 0.142\ 9 \tag{5-4}$$

将式（5-4）代入式（5-3）即得到 CO_2 相对流量 q、浸膏得率 y 和萃取时间 t 三者之间的关系：

$$y = 11.85 - 11.85 e^{-(0.0697\ln q + 0.1429)t} \tag{5-5}$$

5.4.2　流量与功耗之间的关系

酒花浸膏液态 CO_2 萃取装备的功率消耗受很多因素的影响，如环境温度、设备保温条件、操作压力、操作温度和 CO_2 流量等工艺参数，其中流量参数是最主要的影响因素，其他因素在一定条件下是相对固定的。功率消耗与 CO_2 流量之间的关系通过实验测定显得较为方便。笔者在本书第三章从事酒花浸膏液态 CO_2 萃取试验研究时，在环境温度为 12～18 ℃，萃取压力为 10 MPa，萃取温度为 7 ℃ 的条件下，针对图 3-1 所示的液态 CO_2 萃取试验装备（有较好的设备保温条件）考察了功率消耗 p 与 CO_2 流量 L 之间的关系，考察结果如图 5-2 所示。对图 5-2 中的数据点进行曲线回归，得到关系式如下（相关系数的平方 $\gamma^2=0.9931$）：

$$p=0.009\ L^2+0.208\ L+0.382\ 6 \tag{5-6}$$

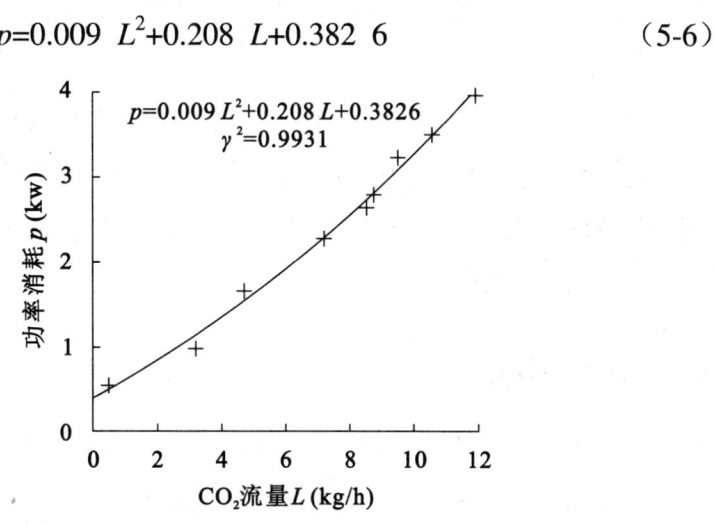

图 5-2　功率消耗与 CO_2 流量的关系

式（5-5）和式（5-6）便形成了约束条件。除此之外，还存在一些非零及取值范围的限制性约束条件，如：

$$t>0 \tag{5-7}$$

$$0<Lq=W \tag{5-8}$$

$$0<y\leqslant 11.85 \tag{5-9}$$

$$0<W\leqslant 1.3 \tag{5-10}$$

液态 CO_2 萃取酒花浸膏，从实验室试验操作放大至工业化生产，能耗问题较难精确计算或估算。因此在实际生产中，获得功率消耗与流量的关系最可靠的方法也是在生产操作过程中进行实际测定。

5.5 目标规划求解

本节以试验操作为例，说明目标规划模型的求解方法，该求解方法同样适用于实际生产操作过程。具体应用时，根据试验条件或实际生产情况，对式（5-2）中的有关系数或常数进行确定，如 k_1、k_2、k_3 和 t_1 等。

式（5-2）至式（5-10）构成了液态 CO_2 萃取酒花浸膏经济效益目标规划的数学模型，其中式（5-2）为目标函数，式（5-5）至式（5-10）为约束条件。对该数学模型采用非线性规划中的某种算法进行求解便可得到该问题的解。

5.6 本章小结

从目标管理中目标规划的方法入手，对液态 CO_2 萃取酒花浸膏如何获得最大经济效益进行了分析和讨论，建立了目标规划的数学模型，构造了相应的目标函数，寻找到几个相关的约束条件。该方法对实际生产过程具有指导意义和参考价值。

总　结

本书围绕啤酒花有效成分的提取与分离进行了广泛的资料收集，全面考察了国内外的研究现状，通过理论分析和试验研究，得出了一些重要结论，为在我国开发生产液态 CO_2 酒花制品奠定了科学基础。本书所进行的主要工作和所得到的主要结论如下。

（1）基于溶剂化缔合的观点，提出了固态物料超临界流体缔合萃取机理；在此基础上，建立了固态物料的超临界流体缔合萃取数学模型，并对所建萃取数学模型进行了求解；讨论了所建萃取数学模型的验证方案；

（2）考察了酒花浸膏在超临界 CO_2 和液态 CO_2 中的溶解度变化规律，明确了在我国开发生产 CO_2 酒花浸膏适宜采用液态 CO_2 萃取技术；通过工艺试验研究找到了适于液态 CO_2 萃取酒花浸膏的较佳的原料状况，包括原料类型、原料含水率等；重点考察了 CO_2 的流量大小对酒花浸膏得率的影响规律，为萃取过程的工业化放大提供了有价值的实验数据；

（3）通过啤酒发酵试验，比较了自制酒花浸膏和进口酒花浸膏的品质，研究并确认了在啤酒酿造中以自制酒花浸膏取代进口酒花浸膏的可行性；

（4）考察了液态 CO_2 萃取历程对酒花浸膏组成的影响，研究表明，在液态 CO_2 萃取酒花浸膏时，不可能通过分时采样获得富含 α-酸和 β-酸的萃取物；

(5) 工艺试验研究表明，采用多级分离工艺分馏液态 CO_2 酒花浸膏有效成分也不可能获得富含 α-酸和 β-酸的萃取产物；

(6) 成功地实现了酒花浸膏有效成分的薄层色谱分离，为开发制备型色谱技术分离酒花有效成分提供了可靠的实验依据；

(7) 从细胞生物学的角度详细分析了酒花的微观结构，并通过电子探针扫描电子显微镜对酒花进行了微观结构解剖，从而表明酒花萃余物具有多孔性的空间立体结构，满足作为色谱固定相的基本条件，拟将酒花萃余物用作液态 CO_2 柱色谱分离酒花有效成分的固定相；

(8) 将液态 CO_2 柱色谱技术应用于酒花有效成分的分离。结合以酒花萃余物作为色谱固定相，通过选择合适粒度大小的酒花萃余物，对酒花浸膏有效成分进行了液态 CO_2 色谱分离，使色谱柱尾收集物中 α-酸的最高含量达 62.34%（该馏分中 β-酸含量约为 22%），使 β-酸的最高含量达 63.70%（该馏分中 α-酸含量约为 30%）。关于这一点，在今后的深入研究工作中有必要进一步提高液态 CO_2 色谱分离酒花浸膏有效成分的分离效果，增加负荷量，完成制备型色谱技术的工业化应用。

(9) 对液态 CO_2 萃取酒花浸膏进行了经济效益的目标规划，建立了目标规划的数学模型，构造了目标函数，寻找到与操作工艺参数密切相关的约束条件，对实际生产过程具有指导意义和参考价值。

附录　分光光度法测定 α-酸和 β-酸的含量

1　原理

用碱性有机溶剂萃取被测样品（酒花或酒花制品）中的 α-酸和 β-酸，然后在紫外光区的 275 nm、325 nm、355 nm 波长处测定萃取液的吸光度，根据 α-酸和 β-酸在上述三波长处的吸光度，用联立方程式求解出被测样品中 α-酸和 β-酸的含量。该法又称 ASBC 法（American Society of Brewing Chemists）或仲裁法。

2　主要仪器

（1）分光光度计；

（2）磁力搅拌器。

3　试剂

（1）甲醇（以水作空白对照，用 1 cm 比色皿在 275 nm 处测定吸光度，其吸光度应小于 0.060）；

（2）碱性甲醇（将 0.2 mL 6 mol/L 的氢氧化钠溶液加入 100 mL 甲醇内混合而成，此液必须新鲜配制）；

（3）苯（将 1 mL 苯用 100 mL 碱性甲醇稀释，然后以水作空白对照，用 1 cm 比色皿在 275 nm 处测定吸光度，其吸光度应小于 0.110）。

4 操作

(1) 苯萃取液的制备：称取 5 g±0.001 g 碎的酒花样品（或 1 g±0.001 g 置于 40 ℃恒温水浴中调匀的酒花浸膏），置于一个 250 mL 具塞锥形瓶中，再用移液管加入 100.0 mL 苯，塞紧瓶塞（涂以高真空硅酮）后称重（精确至 0.1 g）；用磁力搅拌器搅拌 30 min；重新称重，若失重（瓶塞不严会使溶液损失）超过 0.3 g，则必须重做；将锥形瓶静置，至上部溶液澄清后备用；

(2) 苯萃取液的稀释：取步骤（1）中制备的苯萃取液适量，用碱性甲醇稀释至其吸光度在所用分光光度计的最准确范围内（吸光度 0.1~0.4），具体稀释程序参照步骤（3）或（4）进行；

(3) 吸取 5 mL 苯萃取液，置于一个 50 mL 容量瓶中，用碱性甲醇稀释至刻度，得稀释液 1；再取 4 mL 稀释液 1，用碱性甲醇稀释至 50 mL，得稀释液 2；

(4) 在步骤（3）中，若所得稀释液 2 的吸光度不在 0.1~0.4 的范围内，则必须调整苯萃取液或（和）稀释液 1 的吸取量，以使稀释液 2 达到要求；

(5) 吸取 5 mL 苯，用碱性甲醇按步骤（3）或（4）的稀释程序（与苯萃取液的稀释程序相同）进行稀释，以此稀释液为空白对照，调节仪器的吸光度为零，在 275 nm、325 nm、355 nm 波长处测定步骤（3）或（4）中稀释液 2 的吸光度（测定时，应迅速读数）。

5 计算

由测得的吸光度的数值，即可求出被测样品中 α-酸和 β-酸的含量（%）：

$$\alpha\text{-}酸(\%) = d \times (-51.56 \times A_{355} + 73.79 \times A_{325} - 19.07 \times A_{275})$$

$$\beta\text{-酸}(\%) = d \times (55.57 \times A_{355} - 47.59 \times A_{325} + 5.10 \times A_{275})$$

式中，A_{355}、A_{325}、A_{275} —— 稀释液 2 在相应波长处的吸光度；

d —— 稀释系数。

对步骤（3）的稀释程序，$d = \dfrac{1}{10000} \times \dfrac{100 \times 50 \times 50}{5 \times 5 \times 4} = 0.25$，其中 1/10000 为转换系数。